巩固拓展脱贫攻坚成果同乡村振兴
有效衔接政策解读

（上）

国家乡村振兴局政策法规司
全国扶贫宣传教育中心 组编

中国农业出版社

北 京

图书在版编目（CIP）数据

巩固拓展脱贫攻坚成果同乡村振兴有效衔接政策解读
. 上／国家乡村振兴局政策法规司，全国扶贫宣传教育
中心组编. —北京：中国农业出版社，2022.6（2022.10重印）
　ISBN 978-7-109-29372-4

　Ⅰ.①巩…　Ⅱ.①国…②全…　Ⅲ.①扶贫－农村经
济政策－中国②农村－社会主义建设－研究－中国　Ⅳ.
①F323.8②F320.3

　中国版本图书馆CIP数据核字（2022）第074157号

中国农业出版社出版

地址：北京市朝阳区麦子店街18号楼
邮编：100125
责任编辑：闫保荣
版式设计：王　晨　　责任校对：沙凯霖
印刷：北京通州皇家印刷厂
版次：2022年6月第1版
印次：2022年10月北京第2次印刷
发行：新华书店北京发行所
开本：700mm×1000mm　1/16
印张：11.25
字数：150千字
定价：20.00元

目　　录

教育部等四部门关于实现巩固拓展教育脱贫攻坚成果同乡村振兴有效衔接的意见

各省、自治区、直辖市教育厅（教委）、发展改革委、财政厅（局）、扶贫办（乡村振兴局），新疆生产建设兵团教育局、发展改革委、财政局、扶贫办，部属各高等学校、部省合建各高等学校：

为深入贯彻党的十九届五中全会精神和习近平总书记关于教育、扶贫工作、"三农"工作的重要论述，落实《中共中央、国务院关于实现巩固拓展脱贫攻坚成果同乡村振兴有效衔接的意见》要求，进一步巩固拓展教育脱贫攻坚成果，有效衔接乡村振兴战略，接续推动脱贫地区发展和乡村全面振兴，现提出以下意见。

一、重大意义

党的十八大以来，以习近平同志为核心的党中央把脱贫攻坚摆在治国理政的突出位置，作为实现第一个百年奋斗目标的重点任务，纳入"五位一体"总体布局和"四个全面"战略布局，作出一系列重大部署和安排，全面打响脱贫攻坚战，困扰中华民族几千年的绝对贫困问题历史性地得到解决，脱贫攻坚成果举世瞩目。教育系统深入学习贯彻习近平总书记关于扶贫工作的重要论述，推动教育脱贫攻坚工作取得了全方位、突破性和深层次的重要进展。最显著的成就是贫困家庭学生辍学问题得到历史性解决，实现动态清零，贫困学生实现应助尽助，贫困地区各级各类学校发生了格局性变化，为阻断贫困代际传递奠定了坚实基础。最直接的表现是发展教育脱贫一批成效更加显现，在"五个一批"的工作举措中发挥了更大作用，帮助数千万贫困家庭学生通过接受职业教育培训和高等教育、扶持就业创业、推广普通话等实现脱贫。最鲜明的特色是教育系统广大师生干部接受了一场深刻的国情教育，所有直属高校和部省合建高校尽锐出战，教育系统全员参战，培养锻炼了一大批深入基层、贴近群众的干部师生，把一篇篇论文写在大地上，一份份成果应用到扶贫中，使脱贫攻坚的主战场成为立德树人的大课堂。最重要的成果是建立了一整套上下联动、统筹协调的教育脱贫攻坚领导决策体系、责任落实体系、政策制度体系、对口联系机制等，为打赢教育脱贫攻坚战提供了坚强支撑，为全面推进乡村振兴积累了宝贵经验。

脱贫摘帽不是终点，而是新生活、新奋斗的起点。全面打赢脱贫攻坚战、全面建成小康社会后，要在巩固拓展教育脱贫攻坚成果的基础上，全面推进乡村振兴战略。要进一步提高政治站位，从全面建设社会主义现代化国家和实现第二个百年奋斗目标的高度，深刻认识实现巩固拓展教育脱贫攻坚成果同乡村振兴有效衔接的重要性，充分发挥中国共产党领导和我国社会主义制度的政治优势，举全系统之力，统筹推进、攻坚克难，为接续推进脱贫地区发展和群众生活改善、促进人的全面发展、朝着逐步实现全体人民共同富裕的目标继续前进作出教育应有的贡献。

二、总体要求

（一）指导思想。以习近平新时代中国特色社会主义思想为指导，深入贯彻党的十九大和十九届二中、三中、四中、五中全会精神，将巩固拓展教育脱贫攻坚成果放在突出位置，保持教育帮扶政策总体稳定，全方位对接农村低收入人口和欠发达地区帮扶机制，促进振兴乡村教育和教育振兴乡村的良性循环，加快推进乡村振兴，为全面建设社会主义现代化国家开好局、起好步贡献教育力量。

（二）工作目标。贯彻落实党中央、国务院部署，脱贫攻坚目标任务完成后，设立 5 年过渡期。到 2025 年，实现教育脱贫攻坚成果巩固拓展，农村教育普及水平稳步提高，农村教育高质量发展基础更加夯实，农村家庭经济困难学生教育帮扶机制愈加完善，城乡教育差距进一步缩小，教育服务乡村振兴的能力和水平进一步提升，乡村教育振兴和教育振兴乡村的良性循环基本形成。

（三）基本原则

坚持党的集中统一领导。落实中央统筹、省负总责、市县乡抓落实的工作机制，全面加强党的领导，把教育脱贫攻坚体制机制延续到巩固拓展成果和乡村振兴上来。

坚持总体稳定、有序过渡。过渡期内严格落实"四个不摘"要求，现有教育帮扶政策该延续的延续、该优化的优化、该调整的调整，确保政策连续性。

坚持统筹部署、协调推进。统筹政府推动引导和社会市场协同发力，发挥集中力量办大事的优势，根据脱贫人口实际困难给予适度倾斜，以乡村教育的振兴助力乡村全面振兴。

坚持志智双扶、育人为本。坚持扶志与扶智相结合，加强学生励志教育、感恩教育，发挥典型示范作用，激励学生勤奋学习，向着美好生活奋力前行，靠自己努力阻断贫困代际传递。

三、重点任务

（一）建立健全巩固拓展义务教育有保障成果长效机制

1. 巩固拓展义务教育控辍保学成果。健全控辍保学工作机制，确保除身体原因不具备学习条件外脱贫家庭义务教育阶段适龄儿童少年不失学辍学。健全政府、有关部门及学校共同参与的联控联保责任机制。健全数据比对机制，精准摸排辍学学生，纳入台账动态管理。健全定期专项行动机制，在每学期开学前后集中开展控辍保学专项行动，严防辍学新增反弹。健全依法控辍治理机制，完善用法律手段做好劝返复学的工作举措。健全教学质量保障机制，深化教育教学改革，不断提高农村教育教学质量。

2. 巩固拓展义务教育办学条件成果。 继续实施义务教育薄弱环节改善与能力提升工作，聚焦乡村振兴和新型城镇化，有序增加城镇学位供给，补齐农村学校基本办学条件短板，提升学校办学能力。加强边境地区学校建设。做好易地扶贫搬迁后续扶持工作，完善教育配套设施，保障适龄儿童少年义务教育就近入学。统筹义务教育学校布局结构调整工作，坚持因地制宜、实事求是、规模适度，有利于保障教育质量，促进学校布局建设与人口流动趋势相协调。支持设置乡镇寄宿制学校，保留并办好必要的乡村小规模学校。

3. 巩固拓展教育信息化成果。 巩固学校联网攻坚行动成果，加快学校网络提速扩容。完善国家数字教育资源公共服务体系，助力脱贫地区共享优质教育资源，不断扩大优质教育资源覆盖面。深化普及"三个课堂"应用，实现依托信息技术的"优质学校带薄弱学校、优秀教师带普通教师"模式制度化，指导教师共享和用好优质教育资源。提升脱贫地区师生信息素养，构建以校为本、基于课堂、应用驱动、注重创新、精准测评的教师信息素养发展机制，加强学生课内外一体化的信息素养培育，推进信息技术与教育教学的深度融合。

4. 巩固拓展乡村教师队伍建设成果。 落实《教育部等六部门关于加强新时代乡村教师队伍建设的意见》（教师〔2020〕

5 号），继续实施农村义务教育阶段学校教师特设岗位计划、中小学幼儿园教师国家级培训计划、乡村教师生活补助政策，优先满足脱贫地区对高素质教师的补充需求，提高乡村教师队伍整体素质。在脱贫地区增加公费师范生培养供给，推进义务教育教师县管校聘改革，加强城乡教师合理流动和对口支援，鼓励乡村教师提高学历层次。启动实施中西部欠发达地区优秀教师定向培养计划，组织部属师范大学和省属师范院校，定向培养一批优秀师资。加强对脱贫地区校长的培训，着力提升管理水平。加强教师教育体系建设，建设一批国家师范教育基地和教师教育改革实验区，推动师范教育高质量发展与巩固拓展教育脱贫攻坚成果、实施乡村振兴相结合。深化人工智能助推教师队伍建设试点。切实保障义务教育教师工资待遇。

（二）建立健全农村家庭经济困难学生教育帮扶机制

5. 精准资助农村家庭经济困难学生。加强与民政、乡村振兴等部门的数据比对和信息共享，提高资助数据质量。不断优化学生资助管理信息系统功能，提升精准资助水平。进一步完善从学前教育到高等教育全学段的学生资助体系，保障农村家庭经济困难学生按规定享受资助，确保各学段学生资助政策落实到位。

6. 继续实施农村义务教育学生营养改善计划。进一步完善学生营养改善计划，加强资金使用管理，坚持以食堂供餐为主，提高学校食堂供餐比例和供餐能力，改善农村学生营养健康状况。推进原材料配送验收、入库出库、贮存保管、加工烹饪、餐食分发、学生就餐等环节全程视频监控。加强与市场监管、卫健、疾控等部门的合作，强化营养健康宣传教育、食品安全及学校食堂检查，确保供餐安全。

7. 完善农村儿童教育关爱工作。加强农村留守儿童和困境儿童的关心关爱工作，强化控辍保学、教育资助、送教上门等工作措施，对有特殊困难的儿童优先安排在校住宿。加强易地扶贫搬迁学校学生的关心关爱工作，帮助其度过转换期，促进社会融入。加强心理健康教育，健全早期评估与干预制度，培养农村儿童健全的人格和良好的心理素质，增强承受挫折、适应环境的能力。

8. 加强农村家庭经济困难毕业生就业帮扶工作。全面掌握农村家庭经济困难高校毕业生情况，实行"一人一策"分类帮扶和"一人一档"动态管理，开展就业能力培训，提供精准化就业指导服务。依托中国国际"互联网＋"大学生创新创业大赛，深入开展"青年红色筑梦之旅"活动，引导大学生以创新驱动创业，以创业带动就业。加强农村家庭经济困难中职毕业生就业指导，创新就业招聘活动形式，鼓励和支持用人单位通过网络等形式开展宣讲和招聘。

（三）做好巩固拓展教育脱贫攻坚成果同乡村振兴有效衔接重点工作

9. 加大脱贫地区职业教育支持力度。加强职业院校基础能力建设，支持建好办好中等职业学校，作为人力资源开发、农村劳动力转移培训、技术培训与推广、巩固拓展脱贫攻坚成果和高中阶段教育普及的重要基地。对于未设中等职业学校的乡村振兴重点帮扶县，因地制宜地通过新建中等职业学校、就近异地就读、普教开设职教班、东西协作招生等多种措施，满足适龄人口和劳动力接受职业教育和培训的需求。加强"双师型"教师队伍建设，结合当地经济社会发展需求，科学设置职业教育专业，提升服务能力和水平。推动职业院校发挥培训职能，与行业企业等开展合作，丰富培训资源和手段，广泛开展面向"三农"、面向乡村振兴的职业技能培训。

10. 提高普惠性学前教育质量。指导脱贫地区持续扩大普惠性学前教育资源，积极扶持普惠性民办园，提高普惠性幼儿园覆盖率。推动脱贫地区幼儿园改善办园条件，配备丰富适宜的玩教具材料和图书，尊重幼儿身心发展规律和学习特点，坚持以游戏为基本活动，保教并重，防止和纠正幼儿园"小学化"倾向，促进幼儿身心全面和谐发展。

11. 提高普通高中教育质量。推进普通高中育人方式改革，突出德育时代性，强化综合素质培养，拓宽综合实践渠道，提升脱贫地区普通高中教育教学质量和办学水平。加强对学生理想、心理、学习、生活、生涯规划等方面指导，帮助学生更好适应高中学习生活。

12. 继续实施重点高校招收农村和脱贫地区学生专项计划。指导各地和有关高校进一步加强资格审核，优化考生服务，加强入学后的学业辅导，促进学生健康成长。综合考虑国家户籍制度改革、各地教育发展水平以及高考改革进展等情况，出台完善专项计划的意见。农村订单定向医学生免费培养计划优先向中西部地区倾斜。

13. 继续实施民族专项招生计划。继续实施高校民族专项招生计划，招生向西部民族地区倾斜，加大师范类、医学类等急需紧缺人才培养力度。改革少数民族高层次骨干人才培养计划，加强民族地区高层次人才培养，提高人才培养和人才需求契合度。

14. 实施国家通用语言文字普及提升工程和推普助力乡村振兴计划。加大农村牧区、民族地区易地扶贫搬迁安置点国家通用语言文字推广力度，提高普及程度、提升普及质量。全面加强各级各类学校国家通用语言文字教育，开展学校语言文字工作达标建设，提升教师国家通用语言文字教育教学能力。加强学前儿童普通话教育，推动学前学会普通话工作。与职业教育培训相结合，支持开展农村地区青壮年劳动力、基层干部等普通话示范培训，充分调动和发挥国家通用语言文字示范基地作用，巩固拓展推普助力脱贫攻坚成果。繁荣发展乡村语言文化，结合中华经典诵读工程，实施经典润乡土计划、"家园中国"中华经典传承推广活动，创新传播方式，传承弘扬中华优秀文化。加大语言学习资源整合开发力度，完善全球中文学习平台，助力脱贫地区语言学习。

15. 打造升级版的"一村一名大学生计划"。以国家开放大学办学体系为依托，以农业、农村产业和乡村干部队伍发展需要的专业为支撑，实施"开放教育——乡村振兴支持计划"，为农民和村镇基层干部提供不离岗、不离乡、实用适用的学历和非学历继续教育。

16. 推进乡村振兴育人工作。 把巩固拓展脱贫攻坚成果和乡村振兴作为国情教育和思政课堂的重要内容，鼓励教育系统干部师生积极参与、深度实践，进一步深化立德树人成效。鼓励高校、职业院校、中小学积极探索乡村振兴育人模式，形成一批可复制、可推广的工作成果。鼓励开发乡土教材（不含中小学），对巩固拓展脱贫攻坚成果、乡村振兴等资源进行挖掘、整理和创新。把耕读教育纳入涉农专业人才培养体系。

（四）延续完善巩固拓展脱贫攻坚成果与乡村振兴有效衔接的对口帮扶工作机制

17. 继续推进高校定点帮扶工作。 坚持直属高校定点帮扶机制，拓展深化帮扶形式和内容，保持工作力度不减，定期对帮扶成效进行考核评价。继续选派挂职干部和驻村第一书记，选好用好帮扶干部，做好工作、生活、安全等方面条件保障。依托高校优势资源，充分发挥高校帮扶联盟、教育脱贫攻坚与乡村振兴专家委员会、高校乡村振兴研究院等作用，开展高校定点帮扶典型项目推选活动，推动帮扶工作从"独立团"向"集团军"转变。加大涉农高校、涉农专业建设力度，深入实施卓越农林人才教育培养计划2.0，加快培养拔尖创新型、复合应用型、实用技能型农林人才。引导高校科技创新主动服务、深度参与乡村振兴。

18. 优化实施职业教育东西协作行动计划。落实中央要求，按照新的协作结对关系做好职业教育东西协作，优化协作帮扶方式。继续实施中职招生兜底工作，帮助西部地区未升学青少年掌握一技之长，实现高质量就学就业。继续实施东部对西部职业院校结对帮扶，强化教师交流、专业与实训基地建设、共建共享教学资源等工作举措。继续开展面向西部地区的职业教育管理者与教师培训，开发一批职业培训共享教学资源，提升院校管理水平和办学质量。

19. 持续推进高校对口支援工作。继续实施对口支援西部地区高等学校计划，创新对口支援方式，支持受援高校明确发展定位，强化服务面向，打造学科专业特色。精准实施对口支援，为受援高校提供指导支持。继续做好部省合建高校对口合作工作，构建联动发展新格局。继续推进对口支援滇西应用技术大学等工作。扩大实施高校银龄教师支援西部计划。

20. 继续实施系列教师支教计划。实施"三区"人才支持计划教师专项计划，进一步引导人才向艰苦一线流动，选派城镇优秀教师到艰苦一线支教，缓解乡村振兴重点帮扶县优秀教师不足的问题。深入实施银龄讲学计划，面向社会公开招募一批优秀退休校长、教研员、特级教师、高级教师等到农村义务教育学校讲学，促进城乡义务教育均衡发展。实施凉山、怒江支教帮扶行动，建立支教对口帮扶机制，采取"组团式"援助当地院校，动员名师名校长培养基地、优秀教师校长以双师教学、巡回指导、送培到校、支教帮扶等方式，为凉山、怒江打造一支"带不走、教得好"的教师队伍。

四、保障措施

（一）加强组织领导。及时做好巩固拓展教育脱贫攻坚成果同全面推进乡村振兴在工作力量、组织机构、规划实施、项目建设、要素保障方面的有机结合，做到"一盘棋、一体化"推进。按照中央统筹、省负总责、市县乡抓落实的要求，建立统一高效的实现巩固拓展教育脱贫攻坚成果同乡村振兴有效衔接的议事协调工作机制，形成责任清晰、各负其责、执行有力的乡村振兴领导体系，实现政策体系、制度体系和工作体系的平稳过渡。深化作风建设，坚决整治教育扶贫领域腐败和作风问题，坚决防止帮扶资金使用中的奢侈浪费，坚决反对形式主义、官僚主义，切实减轻基层负担。

（二）完善政策保障。优化教育财政支出重点，聚焦支持脱贫地区巩固拓展教育脱贫攻坚成果和乡村振兴，适当向国家乡村振兴重点帮扶县倾斜。将实现巩固拓展教育脱贫攻坚成果同乡村振兴有效衔接的重大举措、重大工程项目纳入教育事业"十四五"规划。在总结评估金融助力教育脱贫攻坚前期成果的基础上，研究探索各类金融机构支持脱贫地区巩固拓展教育脱贫攻坚成果和乡村振兴的有效路径，满足多层次多样化需求。加强资金监管使用，进一步严肃财经纪律。

（三）**强化考核评估。**配合中央有关部门开展乡村振兴督查考核，及时发现和解决巩固拓展教育脱贫攻坚成果同乡村振兴有效衔接相关问题，推动各项政策举措落实落地。发挥教育督导作用，把巩固拓展教育脱贫攻坚成果同乡村振兴有效衔接落实情况纳入对省级人民政府履行教育职责评价范围。

（四）**鼓励社会参与。**坚持行政推动与市场机制有机结合，广泛动员社会力量参与，形成巩固拓展教育脱贫攻坚成果、全面推进乡村振兴的工作合力。加大政策宣传力度，组织新闻媒体广泛宣传教育脱贫攻坚取得的巨大成效，解读过渡期各项教育惠民、富民政策措施，在全社会营造共同推进乡村振兴的浓厚氛围。持续做好教育减贫国际交流与合作，加强理论研究，讲好中国故事。

教育部　国家发展改革委

财政部　国家乡村振兴局

2021 年 4 月 30 日

《关于实现巩固拓展教育脱贫攻坚成果同乡村振兴有效衔接的意见》政策解读

教育部发展规划司

党的十八大以来，以习近平同志为核心的党中央把脱贫攻坚摆在治国理政的突出位置，作出一系列重大部署和安排，全面打响脱贫攻坚战，困扰中华民族几千年的绝对贫困问题历史性地得到解决，脱贫攻坚成果举世瞩目。教育系统深入学习贯彻落实习近平总书记关于扶贫工作的重要论述，坚持精准扶贫、精准脱贫基本方略，会同有关部门和地方政府扎实推进义务教育有保障、发展教育脱贫一批等教育脱贫攻坚各项工作，发挥教育的基础性、先导性和全局性作用，推动贫困地区教育面貌发生格局性变化，奠定了阻断代际传递的坚实基础。习近平总书记指出，当前我国发展不平衡不充分的问题仍然突出，巩固拓展脱贫攻坚成果的任务依然艰巨。为深入贯彻党的十九届五中全会精神和习近平总书记关于教育工作、扶贫工作、"三农"工作的重要论述，进一步巩固拓展教育脱贫攻坚成果，有效衔接乡村振兴战略，接续推动脱贫地区发展和乡村全面振兴，教育部会同国家发展改革委、财政部、国家乡村振兴局制定印发了《关于实现巩固拓展教育脱贫攻坚成果同乡村振兴有效衔接的意见》（以下简称《意见》）。

一、总体考虑

《意见》以习近平新时代中国特色社会主义思想为指导，深入贯彻党的十九大和十九届二中、三中、四中、五中全会精神，将巩固拓展教育脱贫攻坚成果放在突出位置，加快补齐农村教育发展短板，着力提升农村教育发展水平，发挥教育系统人力、智力、科技等资源优势，聚焦乡村教育振兴和教育振兴乡村两条主线，明确了巩固拓展脱贫攻坚同乡村振兴有效衔接阶段的指导思想、工作目标、基本原则等总体考虑。

指导思想：以习近平新时代中国特色社会主义思想为指导，深入贯彻党的十九大和十九届二中、三中、四中、五中全会精神，将巩固拓展教育脱贫攻坚成果放在突出位置，保持教育帮扶政策总体稳定，全方位对接农村低收入人口和欠发达地区帮扶机制，促进振兴乡村教育和教育振兴乡村的良性循环，加快推进乡村振兴，为全面建设社会主义现代化国家开好局、起好步贡献教育力量。

工作目标：贯彻落实党中央、国务院关于脱贫攻坚目标任务完成后设立 5 年过渡期的总体部署，提出到 2025 年，实现教育脱贫攻坚成果巩固拓展，农村教育普及水平稳步提高，农村教育高质量发展基础更加夯实，农村家庭经济困难学生教育帮扶机制愈加完善，城乡教育差距进一步缩小，教育服务乡村振兴的能力和水平进一步提升，乡村教育振兴和教育振兴乡村的良性循环基本形成。

基本原则：坚持党的集中统一领导。落实中央统筹、省负总责、市县乡抓落实的工作机制，全面加强党的领导，把教育脱贫攻坚体制机制延续到巩固拓展成果和乡村振兴上来。坚持总体稳定、有序过渡。过渡期内严格落实"四个不摘"要求，现有教育帮扶政策该延续的延续、该优化的优化、该调整的调整，确保政策连续性。坚持统筹部署、协调推进。统筹政府推动引导和社会市场协同发力，发挥集中力量办大事的优势，根据脱贫人口实际困难给予适度倾斜，以乡村教育的振兴助力乡村全面振兴。坚持志智双扶、育人为本。坚持扶志与扶智相结合，加强学生励志教育、感恩教育，发挥典型示范作用，激励学生勤奋学习，向着美好生活奋力前行，靠自己努力阻断贫困代际传递。

二、重点任务

《意见》围绕巩固拓展教育脱贫攻坚成果、有效衔接乡村振兴，聚焦义务教育成果巩固、困难学生资助、教育服务乡村振兴、教育对口帮扶等重点工作，明确了四个方面 20 项任务。

（一）建立健全巩固拓展义务教育有保障成果长效机制

义务教育有保障是"两不愁三保障"的核心目标之一，控辍保学是实现义务教育有保障的重中之重任务。教育系统把控辍保学作为工作重点，从"控""保"两端发力，一手抓控辍，一手抓保学，既要让已经在校的学生"稳得住、学得好"，防止辍学；又要对辍学的孩子"说得清、进得来"，不再失学。同时积极改善贫困地区义务教育学校基本办学条件，积极推进教育信息化共享优质教育资源，加大贫困地区教师队伍建设，圆满完成了义务教育有保障各项目标任务。为进一步巩固义务教育有保障工作成果，在过渡期内从控辍保学、改善办学条件、教育信息化、教师队伍建设等方面进行了制度设计。

在巩固拓展义务教育控辍保学成果方面，我们深入分析失学、辍学原因，加强分类指导，因地、因家、因人施策，保障学生劝得回、留得住、学得好。对适龄未上学而失学、因学习困难或厌学而辍学、因家庭思想观念而辍学、因身体残疾而辍学等类型的学生，有针对性地采取了相应的解决措施，截至 2020 年底，20 多万建档立卡辍学学生实现动态清零，长期存在的建档立卡贫困学生的失学辍学问题得到历史性解决。进入到新发展阶段，我们坚持把"除身体原因不具备学习条件外脱贫家庭义务教育阶段适龄儿童少年不失学辍学"作为工作目标，通过健全控辍保学工作机制、政府和有关部门及学校共同参与的联控联保责任机制、数据比对机制、依法控辍治理机制、教学质量保障机制等五大机制，防止辍学学生新增反弹。在巩固拓展义务教育办学条件成果方面，2013 年以来，累计改善贫困地区义务教育薄弱学校 10.8 万所，贫困地区办学条件得到根本性改善。2021 年 6 月，教育部会同财政部、国家发展改革委印发了《关于深入推进义务教育薄弱环节改善与能力提升工作的意见》，持续改善农村基本办学条件，增加学位供给。《意见》要求各地要加强边境地区学校建设，做好易地扶贫搬迁后续扶持，统筹义务教育学校布局结构调整，支持设置乡镇寄宿制学校，保留并办好必要的乡村小规模学校等工作，继续改善提升办学条件。在巩固拓展教育信息化成果方面，教育部高度重视信息化技术在教育教学方面的应用，着力提升脱贫地区教育信息化水平，全国中小学（含教学点）互联网接入率从 2012 年的 25％上升到 100％，全国未联网学校实现动态清零，拥有多媒体教室的学校比例从 48％上升到 95.3％，为推进教育信息化、实现优质数字资源共享打下了坚实基础。通过教育信息化的建设，一大批优质数字教学资源输送至脱贫地区学校，有效弥补了脱贫地区师资不足、水平不高的问题，脱贫地区的教师和孩子在家门口接受了优质的教育。为发挥好教育信息化的优势，《意见》要求进一步巩固学校联网攻坚行动成果，加快学校网络提速扩容。完善国家数字教育资源公共服务体系，助力脱贫地区共享优质教育资源，不断扩大优质教育资源覆盖面。深化普及"三个课堂"应用，实现依托信息技术的"优质学校带薄弱学校、优秀教师带普通教师"模式制度化，同时提升教师信息化素养。在巩固拓展乡村教师队伍建设成果方面，教育系统一直把教师作为办好农村义务教育的关键，通过实施"特岗计划"解决脱贫地区师资不足问题，通过实施"国培计划"解决脱贫地区师资水平不高问题，通过实施乡村教师生活补助政策、建设教师周转房解决待遇不高、留不住人的问题。"特岗计划"实施以来累计招聘教师 95 万名，"国培计划"培训中西部乡村学校教师校长近 1 700 万余人次。乡村教师队伍的整体素质大幅提升，本科以上学历占 51.6%，中级以上职称占 44.7%。为进一步加强乡村教师队伍建设，《意见》要求各地落实《教育部等六部门关于加强新时代乡村教师队伍建设的意见》，继续实施农村义务教育阶段学校教师特设岗位计划、中小学幼儿园教师国家级培训计划、乡村教师生活补助政策，优先满足脱贫地区对高素质教师的补充需求，提高乡村教师队伍整体素质。在脱贫地区增加公费师范生培养供给，推进义务教育教师县管校聘改革，加强城乡教师合理流动和对口支援，鼓励乡村教师提高学历层次。2021 年8 月，教育部联合中宣部、国家发改委、财政部等九部门印发了《中西部欠发达地区优秀教师定向培养计划》，从 2021 年起，教育部直属师范大学与地方师范院校采取定向方式，每年为 832 个脱贫县（原集中连片特困地区县、国家扶贫开发工作重点县）和中西部陆地边境县中小学校培养 1 万名左右师范生，从源头上改善中西部欠发达地区中小学教师队伍质量，培养造就大批优秀教师。

（二）建立健全农村家庭经济困难学生教育帮扶机制

目前，我国以政府为主导、学校和社会积极参与，覆盖从学前至研究生各个教育阶段的学生资助政策体系更加完善，累计资助贫困学生 6.41 亿人次。义务教育营养改善计划实施以来，已覆盖 1 600 多个县 13 多万所学校，每年惠及学生 4 000 余万人，学生身体素质明显改善。积极帮助家庭经济困难学生就业，通过就业带动全家脱贫。一系列政策的实施，从制度上保障了不让一个学生因家庭经济困难而失学，让贫困家庭坚信教育改变贫穷的力量。进入乡村振兴阶段，要继续做好家庭经济困难学生帮扶关爱工作。《意见》从学生资助、营养改善计划、农村儿童教育关爱、家庭经济困难毕业生就业帮扶等四个方面做了制度设计。

在精准资助农村家庭经济困难学生方面，要求各地加强与民政、乡村振兴等部门的数据比对和信息共享，提高资助数据质量。不断优化学生资助管理信息系统功能，提升精准资助水平。进一步完善从学前教育到高等教育全学段的学生资助体系，保障农村家庭经济困难学生按规定享受资助，确保各学段学生资助政策落实到位。在继续实施农村义务教育学生营养改善计划方面，要求加强资金使用管理，坚持以食堂供餐为主，提高学校食堂供餐比例和供餐能力，改善农村学生营养健康状况。同时在确保供餐安全方面，做了明确规定。在完善农村儿童教育关爱工作方面，要求各地加强农村留守儿童和困境儿童的关心关爱工作，强

化控辍保学、教育资助、送教上门等工作措施，对有特殊困难的
儿童优先安排在校住宿。同时，要加强心理健康教育。在加强农
村家庭经济困难毕业生就业帮扶工作方面，要求全面掌握农村家
庭经济困难高校毕业生情况，实行"一人一策"分类帮扶和"一
人一档"动态管理，开展就业能力培训，提供精准化就业指导服
务。依托中国国际"互联网＋"大学生创新创业大赛，引导大学
生以创新驱动创业，以创业带动就业。

**（三）做好巩固拓展教育脱贫攻坚成果同乡村振兴有效衔接
重点工作**

治贫先治愚，教育是阻断贫困代际传递的治本之策。在脱贫
攻坚"五个一批"五条战线中，其中之一就是"发展教育脱贫一
批"。教育系统认真落实党中央、国务院工作部署，通过大力发
展职业教育，提升就业技能，促进贫困人口就业，实施重点高校
面向农村和贫困地区定向招生计划、"一村一名大学生计划"和
推普助力脱贫攻坚等工程，为地方经济社会发展和贫困人口增收
做出了重要贡献。进入乡村振兴阶段，一些行之有效的经验也被
继承和发展，并在《意见》中进一步明确。

在加大脱贫地区职业教育支持力度方面，通过大力发展职业
教育赋能强技，补齐职业教育教学实践短板，中西部职业教育办
学水平明显提升，学生就业创业技能显著增强，党的十八大以
来，累计有800多万贫困家庭学生接受中高等职业教育，切实发
挥出了职业教育"职教一个、就业一人、脱贫一家"作用。《意

见》提出，要继续加强职业院校基础能力建设，支持建好办好中等职业学校，作为人力资源开发、农村劳动力转移培训、技术培训与推广、巩固拓展脱贫攻坚成果和高中阶段教育普及的重要基地。加强"双师型"教师队伍建设，结合当地经济社会发展需求，科学设置职业教育专业，提升服务能力和水平。鼓励职业院校发挥培训职能，与行业企业等开展合作，丰富培训资源和手段，广泛开展面向"三农"、面向乡村振兴的职业技能培训。在继续实施重点高校招收农村和脱贫地区学生专项计划、内地民族班、民族专项招生计划方面，近年来，通过实施贫困地区定向招生计划、民族专项招生计划等政策，面向贫困地区、民族地区等特殊困难地区生源，实行定向招生，引导和鼓励学生毕业后回到贫困地区就业创业和服务，党的十八大以来，累计有514.05万建档立卡贫困学生接受高等教育，数以百万计的贫困家庭有了第一代大学生。特殊的支持政策为贫困地区学生创造了更为公平的受教育和就业机会，其中重点高校面向农村和贫困地区定向招生计划累计招收70万人；为中西部农村订单定向培养了6.3万余名本科医学生，实现了为每个乡镇卫生院培养一名本科医学生的全覆盖。《意见》要求各地和有关高校综合考虑国家户籍制度改革、各地教育发展水平以及高考改革进展等情况，出台完善专项计划的意见，并按照"三年早知道"的原则，提前向社会公布。农村订单定向医学生免费培养计划优先向中西部地区倾斜。继续办好内地西藏班、新疆班，招生向基层一线、乡村振兴重点帮扶县和边境地区倾斜。继续实施高校民族预科及贫困地区民族专项招生计划，招生向西部民族地区倾斜，加大师范类、医学类等急需紧缺人才培养力度。在实施国家通用语言文字普及提升工程和推普助力乡村振兴计划方面，通过开展普通话专项培训，以"送培下乡""送教上门"、普通话培训与实用技能培训相结合等方式为主，以民族地区教师学生、青壮年农牧民、基层干部、驻村干部为重点，累计开展350余万人次农村教师、青壮年农牧民国家通用语言文字培训。"学前学会普通话"行动在凉山州率先启动实施、覆盖29万学前儿童的基础上，目前已扩大到中西部9个省份。《意见》提出，要与职业教育培训相结合，继续支持开展农村地区青壮年劳动力、基层干部等普通话示范培训，充分调动和发挥国家通用语言文字示范基地作用，巩固拓展推普助力脱贫攻坚成果。在"一村一名大学生计划"方面，已累计为贫困地区培养了50万乡村干部、乡村致富带头人，有力地促进了当地经济发展。《意见》提出以国家开放大学办学体系为依托，以农业、农村产业和乡村干部队伍发展需要的专业为支撑，实施"开放教育——乡村振兴支持计划"，为农民和村镇基层干部提供不离岗、不离乡、实用适用的学历和非学历继续教育。同时，《意见》在提高普惠性学前教育和普通高中教育质量、推进乡村振兴育人工作等方面，也做出了制度设计，旨在进一步提高农村教育发展水平，夯实振兴乡村教育的基础。

（四）延续完善巩固拓展脱贫攻坚成果与乡村振兴有效衔接的对口帮扶工作机制

脱贫攻坚时期，教育部按照党中央、国务院部署，深入开展帮扶工作，承担了中央单位定点帮扶、定点联系滇西片区、教育援青援藏等任务，主动开展了职业教育东西协作、高校对口支援、系列教师支教计划等帮扶工作，动员教育系统力量积极参与、倾力相助，形成了独具教育特色的帮扶经验、帮扶模式、帮扶项目，创造出一批可复制、可推广的工作成果，使广大师生接受了一堂深刻的党情国情教育。进入到新发展阶段，教育系统将继续深入开展对口帮扶工作，将对口帮扶作为服务地方经济社会发展、提升脱贫地区教育水平、构建教育新发展格局的重要平台。

在继续推进高校定点帮扶工作方面，脱贫攻坚时期，教育部直属高校认真落实党中央、国务院关于定点扶贫工作部署，倾情倾力推进定点扶贫工作，实践形成了教育、智力、健康、科技、产业、消费、文化等七大类高校扶贫特色路径。《意见》提出，要坚持直属高校定点帮扶机制，拓展深化帮扶形式和内容，保持工作力度不减，定期对帮扶成效进行考核评价。要依托高校优势资源，充分发挥高校扶贫联盟、教育脱贫攻坚与乡村振兴专家委员会、高校乡村振兴研究院等作用，开展高校定点帮扶典型项目推选活动，推动帮扶工作从"独立团"向"集团军"转变。要加大涉农高校、涉农专业建设力度，深入实施卓越农林人才教育培养计划2.0，加快培养拔尖创新型、复合应用型、实用技能型农林人才。引导高校科技创新主动服务、深度参与乡村振兴。2021年9月，教育部办公厅印发了《关于坚持做好直属高校定点帮扶工作的通知》，对直属高校继续开展帮扶工作作出全面部署。在优化实施职业教育东西协作方面，职业教育东西协作实施以来，已累计援助资金18.2亿元，共在受援地建设专业点、实训基地1 000余个，开展各类培训40万人。教育援藏援疆援青投入资金1 300余亿元。《意见》提出，要按照新的协作结对关系做好职业教育东西协作，优化协作帮扶方式。继续实施中职招生兜底工作、东部对西部职业院校结对帮扶等工作。继续开展面向西部地区的职业教育管理者与教师培训。在持续推进高校对口支援工作方面，东部高校对口支援西部高校计划实施以来，106所部属和东部高水平大学支援中西部85所高校，形成了全方位、多层次、立体式的帮扶格局。2016—2020年，支援高校共单独划拨2 082名博士、552名硕士研究生招生计划，定向用于受援高校提升师资学历和教学水平。《意见》提出，要继续实施对口支援西部地区高等学校计划，创新对口支援方式，支持受援高校明确发展定位，强化服务面向，打造学科专业特色。精准实施对口支援，为受援高校提供指导支持。在继续实施系列教师支教计划方面，教师帮扶是提升教育教学质量最有效最直接的方式，有效解决了受援方师资不足、力量不强、水平不高的问题。《意见》提出，要继续实施"三区"人才支持计划教师专项计划、万名教师支教计划、银龄讲学计划等，进一步引导人才向艰苦一线流动，到农村义务教育学校讲学。

三、保障措施

（一）加强组织领导

全面实施乡村振兴战略的深度、广度、难度都不亚于脱贫攻坚，必须加强党对乡村振兴工作的领导。对标"五级书记"抓乡村振兴的责任要求，各级教育部门领导同志要坚决扛起政治责任，把乡村振兴抓在手上、扛在肩上，以更有力的举措推进乡村振兴工作。各级教育部门要及时做好巩固拓展教育脱贫攻坚成果同全面推进乡村振兴在工作力量、组织机构、规划实施、项目建设、要素保障方面的有机结合，建立统一高效的议事协调工作机制，实现政策体系、制度体系和工作体系的平稳过渡。

（二）完善政策保障

在脱贫攻坚时期，我们适时出台和完善相关政策文件，建立健全了与国家部署相衔接、部门协作、地方协同的教育脱贫攻坚政策体系，为打赢教育脱贫攻坚战提供了坚实的保障。进入新发展时期，各级教育部门要适时调整优化相关政策，该延续的延续、该调整的调整、该创设的创设，切实保障政策供给的连贯性、针对性和实效性。要优化教育财政支出重点适当向国家乡村振兴重点帮扶县倾斜，将重大举措、重大工程项目纳入教育事业"十四五"规划，挂图作战、持续推进。要吃透用好政策，鼓励地方先行先试，研究探索各类金融机构支持脱贫地区巩固拓展教育脱贫攻坚成果和乡村振兴的有效路径。

（三）强化考核评估

强化监督、严格考核是督促落实的非常必要、非常有效的手段，要充分发挥教育督导、教育审计作用，进一步压实教育战线责任，强化纪律监督，持续开展教育领域腐败和作风问题专项治理工作，坚决反对形式主义、官僚主义。要及时发现和解决相关问题，推动各项政策举措落实落地。要发挥教育督导作用，把巩固拓展衔接工作落实情况纳入对省级人民政府履行教育职责评价范围。要严格直属高校定点帮扶考核，切实发挥考核评价激励先进、鞭策后进、带动中间的作用。

（四）鼓励社会参与

巩固拓展教育脱贫攻坚成果同乡村振兴有效衔接主责在教育战线，更离不开社会各界的广泛参与和积极支持，各地要积极探索有效机制，通过市场手段，积极引导社会资源支持教育系统乡村振兴工作，形成工作合力。要积极争取部门支持，协调有关部门加大财政资金、项目安排等方面的支持力度，把乡村教育振兴的需求，细化实化为人财物上可操作、能落实、见实效的支持举措。要加大政策宣传力度，深度挖掘教育系统乡村振兴工作的先进典型、成功案例和创新举措，聚焦参与乡村振兴的党员干部、教师学生、专家教授等群体，全方位展示工作成效，生动讲好一线教育故事，让更多方面了解参与振兴乡村教育和教育振兴乡村工作的重大意义，营造共同推进乡村振兴的浓厚氛围。

关于巩固拓展脱贫攻坚兜底保障成果进一步做好困难群众基本生活保障工作的指导意见

各省、自治区、直辖市民政厅（局）、财政厅（局）、扶贫办（乡村振兴局）、新疆生产建设兵团民政局、财政局、扶贫办：

为深入贯彻落实党中央、国务院关于实现巩固拓展脱贫攻坚成果同乡村振兴有效衔接的部署，进一步做好困难群众基本生活保障工作，提出如下意见。

一、总体要求

以习近平新时代中国特色社会主义思想为指导，全面贯彻落实党的十九大和十九届二中、三中、四中、五中全会精神，按照《中共中央　国务院关于实现巩固拓展脱贫攻坚成果同乡村振兴有效衔接的意见》部署，在保持农村社会救助兜底保障政策总体稳定的基础上，统筹发展城乡社会救助制度，加强低收入人口动态监测，完善分层分类的社会救助体系，适度拓展社会救助范围，创新服务方式，提升服务水平，切实做到应保尽保、应救尽救、应兜尽兜，不断增强困难群众获得感、幸福感、安全感。

二、任务措施

（一）**保持过渡期内社会救助兜底政策总体稳定。**对脱贫人口中完全丧失劳动能力或部分丧失劳动能力且无法通过产业就业获得稳定收入的人口，按规定纳入农村低保或特困人员救助供养范围，并按照困难类型及时给予专项救助、临时救助等。健全动态调整机制，对农村低保对象加强监测预警和动态管理，对家庭人均收入超过当地低保标准的，给予一定期限的救助渐退期，不再符合条件的按程序退出；对就业产生的必要成本，在核算家庭收入时适当给予扣减。

（二）**完善基本生活救助标准动态调整机制。**综合考虑居民人均消费支出或人均可支配收入等因素，结合当地财力状况，合理制定与当地经济社会发展水平相适应的低保标准和特困人员救助供养标准。各省（自治区、直辖市）制定本行政区域内相对统一的区域救助标准或最低指导标准。进一步完善社会救助和保障标准与物价上涨挂钩的联动机制，优化联动机制启动和补贴资金发放程序，确保及时足额向困难群众发放价格临时补贴。

（三）**建立低收入人口动态监测预警机制。**以低保对象、特困人员、农村易返贫致贫人口、因病因灾因意外事故等刚性支出较大或收入大幅缩减导致基本生活出现严重困难人口以及其他低收入人口为重点，建立完善低收入人口动态监测信息平台，为相关部门、单位和社会力量开展救助帮扶提供支持。依托国家数据共享交换平台体系，推动共享教育、人力资源社会保障、住房城乡建设、卫生健康、应急、医疗保障、乡村振兴、残联等部门和单位的相关信息数据，通过大数据比对等手段对低收入人口开展常态化监测，及时预警发现可能需要救助的低收入人口。

（四）**完善主动发现快速响应机制。**利用低收入人口动态监测预警机制，及时发现需要救助的困难群众。明确基层组织及相关人员责任，将走访、发现困难群众列为村（社区）组织和基层工作人员的重要工作内容。支持和引导社会力量参与主动发现，形成救助合力。在当地12345政务服务热线中设置社会救助服务模块，完善社会救助知识库，规范热线值守及群众反映事项处置流程，畅通困难群众求助渠道，实现及时发现、快速响应、即时救助。

（五）**加大低收入人口救助力度。**各地民政部门要加强与财政、教育、人力资源社会保障、住房城乡建设、医疗保障等部门沟通协调，推动社会救助向梯度化、多层次延伸，不断加大低收入人口救助力度。符合条件的重残人员、重病患者等低收入人口，可参照"单人户"纳入低保范围；符合教育、医疗、住房、就业等专项救助条件的，由相关部门依规纳入相应救助范围。对刚性支出较大导致基本生活出现严重困难的低收入人口，根据实际需要给予专项救助或实施其他必要救助措施。

（六）**创新发展急难社会救助。**进一步完善临时救助制度，

逐步取消户籍地、居住地申请限制，探索在急难发生地申请临时
救助，由急难发生地审核并发放临时救助金。强化急难救助功
能，实行"小金额先行救助"，事后补充说明情况。用好用足乡
镇（街道）临时救助备用金制度，全面落实"先行救助""分级
审批"政策规定，采取"跟进救助"、"一次审批、分阶段救助"
等方式，增强救助时效性。开展"救急难"工作，强化县级困难
群众基本生活保障工作协调机制作用，及时化解人民群众遭遇的
各类重大急难问题，最大限度防止冲击社会道德和心理底线事件
发生。

（七）**积极开展服务类社会救助。** 适应困难群众多样化救助
需求，加快形成社会救助服务多元供给格局，在加强物质帮扶的
同时，探索通过政府购买服务等方式，为社会救助家庭成员中生
活不能自理的老年人、未成年人、残疾人等提供必要的访视、照
料服务，形成"物质＋服务"的救助方式。鼓励、引导社会工作
服务机构和社会工作者为低收入人口提供心理疏导、资源链接、
能力提升、社会融入等服务。

（八）**完善社会救助家庭经济状况核算方法和核对机制。** 完
善社会救助家庭经济状况核算方法，"十四五"时期中央确定的
城乡居民基本养老保险基础养老金不计入低保家庭、特困人员收
入。进一步完善社会救助家庭经济状况核对机制，构建以部级核
对平台为核心、省级核对平台为骨干、市县级核对平台为支撑的
全国联网核对网络，不断拓展提升核对信息数据范围和质量，实

现核对工作流程顺畅、服务高效、结果准确、数据安全。

（九）统筹发展城乡社会救助制度。推进城乡社会救助服务均等化，合理配置城乡社会救助资源，加大农村社会救助投入力度，构建城乡一体化的社会救助政策体系和管理体制，从对象条件、申办流程、管理服务和救助标准等方面，逐步缩小城乡差异。鼓励有条件的地区有序推进持有居住证人员在居住地申办社会救助。顺应农业转移人口市民化进程，及时将符合条件的农业转移人口纳入户籍地城镇救助范围，提供相应救助帮扶。完善城乡统一的低保对象、特困人员认定办法，规范低保标准制定和经办服务流程，推进低保、特困供养制度城乡一体化运行，促进城乡统筹发展。

三、组织保障

（一）加强组织领导。各地要按照中央统筹、省负总责、市县抓落实的工作机制，抓紧制定本地区实施方案，明确时间表、路线图，层层落实责任，周密组织实施。民政部负责牵头建立低收入人口动态监测信息库，并指导地方民政部门开展最低生活保障、特困救助供养、临时救助等工作。各地要积极推行政府购买服务，加强乡镇人民政府（街道办事处）社会救助能力建设。

（二）明确职责分工。各地民政、财政、乡村振兴部门要各负其责，加强沟通协调，及时研究解决工作中的新情况、新问题。民政部门负责按规定把符合条件的农村低收入人口纳入农村

低保、特困人员救助供养或临时救助范围，加强规范管理。财政
部门要按照国务院有关要求，优化财政支出结构，做好经费保障
工作。乡村振兴部门要认真做好防止返贫监测和帮扶工作，加强
与民政部门数据交换、实时共享。

（三）加强宣传引导。坚持正确舆论导向，深入开展政策宣
传活动，加强巩固拓展脱贫攻坚兜底保障成果同乡村振兴有效衔
接的政策解读，提高困难群众政策知晓度。广泛宣传困难群众基
本生活保障工作取得的成功做法和典型经验，讲好社会救助故
事，营造良好舆论氛围。

民政部　财政部　国家乡村振兴局

2021 年 5 月 10 日

《关于巩固拓展脱贫攻坚兜底保障成果进一步做好困难群众基本生活保障工作的指导意见》政策解读

民政部社会救助司

习近平总书记指出，当前我国发展不平衡不充分的问题仍然突出，巩固拓展脱贫攻坚成果的任务依然艰巨。他多次强调，要切实做好巩固拓展脱贫攻坚成果同乡村振兴有效衔接各项工作，对易返贫致贫人口要加强监测，做到早发现、早干预、早帮扶。为落实中央决策部署，巩固拓展脱贫攻坚成果，确保脱贫人口兜得住、不返贫，2021 年 5 月，民政部会同财政部、国家乡村振兴局研究制定了《关于巩固拓展脱贫攻坚兜底保障成果　进一步做好困难群众基本生活保障工作的指导意见》（民发〔2021〕49号，下称《指导意见》），明确了巩固拓展脱贫攻坚兜底保障成果，进一步做好困难群众基本生活保障工作的总体要求、重点任务，并对组织保障提出要求。

一、出台背景

党的十八大以来，在党中央坚强领导下，经过全党全国各族人民共同努力，我国脱贫攻坚战取得全面胜利。民政领域是脱贫攻坚的重要战场。中央部署脱贫攻坚工作以来，民政系统坚决贯彻落实习近平总书记关于扶贫工作重要论述和关于民政工作重要指示精神，聚焦脱贫攻坚、聚焦特殊群体、聚焦群众关切，把脱贫攻坚作为重大政治任务和民政系统头等大事，坚持以脱贫攻坚统揽民政业务工作，强化兜底保障政策，有力保障贫困人口基本生活。

一是推动低保标准与扶贫标准有效衔接，实现"两线合一"。指导农村低保标准较低地区逐步提高农村低保标准，到 2017 年底，全国所有县（市、区）的农村低保标准已经全部达到或超过国家扶贫标准，纳入低保的建档立卡贫困家庭均实现吃穿"两不愁"。截至 2020 年底，全国农村低保平均标准已达到每人每年 4 426 元。二是推进农村低保制度与扶贫开发政策有效衔接，实现"应保尽保"。2016 年以来，连续 3 年制定并印发加强农村低保制度与扶贫开发政策衔接的具体措施，完善政策设计，确保将符合条件的建档立卡贫困人口能及时纳入低保或特困人员救助供养，实现"应保尽保"。三是聚焦特殊群体，完善兜底保障政策措施。完善低保对象认定方法，将未脱贫建档立卡贫困人口中的重残、重病人员，参照单人户纳入低保，加大了对特殊群体的兜底保障力度。纳入低保或特困救助供养的建档立卡贫困人口中，老年人、未成年人、重病重残人员是兜底保障的大多数，更好实现了向特殊群体聚焦。四是积极支持配合"三保障"问题的解决。在核算低保家庭收入时，适当扣减建档立卡贫困户因残疾、患重病等增加的刚性支出，一定程度上缓解了因"三保障"支出挤占基本生活费用导致的"两不愁"问题，促进"三保障"问题的解决。加强临时救助，及时救助帮扶因罹患重特大疾病等突发"三保障"问题引发生活困难的贫困人口。通过发挥全国社会救助部际联席会议制度、县级困难群众基本生活保障工作协调机制、社会救助"一门受理、协同办理"等作用，统筹推进社会救助体系建设，推动承担"三保障"职责的部门做好有关工作。

虽然民政部门圆满完成了脱贫攻坚兜底保障任务，但是巩固拓展兜底保障成果的任务仍然很重。除低保对象、特困人员外，其他低收入人口的底数还不是特别清楚，低收入人口中完全或部分丧失劳动能力的残疾人、老年人、未成年人、重病患者，以及因病因灾因意外事故等刚性支出较大或收入大幅缩减导致基本生活出现严重困难的群众，仍然需要社会救助兜底保障。民政部立足构建分层分类的社会救助体系，为巩固拓展脱贫攻坚兜底保障成果，强化过渡期中困难群众基本生活保障工作，出台《指导意见》，通过加强对低收入人口的摸底排查和动态监测，建立常态化救助帮扶机制，为有需要的困难群众提供基本生活保障，以更好发挥低保等社会救助制度在保障困难群众基本生活方面的兜底作用，有效防止规模性返贫。

二、总体要求

《指导意见》以习近平总书记关于做好巩固拓展脱贫攻坚成果同乡村振兴有效衔接各项工作、健全农村低收入人口常态化帮扶机制重要指示精神为指导思想，为做好巩固拓展脱贫攻坚兜底保障成果、进一步做好困难群众基本生活保障工作，提出了总体要求：以习近平新时代中国特色社会主义思想为指导，全面贯彻落实党的十九大和十九届二中、三中、四中、五中全会精神，按照《中共中央 国务院关于实现巩固拓展脱贫攻坚成果同乡村振兴有效衔接的意见》部署，在保持农村社会救助兜底保障政策总体稳定的基础上，统筹发展城乡社会救助制度，加强低收入人口动态监测，完善分层分类的社会救助体系，适度拓展社会救助范围，创新服务方式，提升服务水平，切实做到应保尽保、应救尽救、应兜尽兜，不断增强困难群众获得感、幸福感、安全感。

三、重点任务

（一）保持过渡期内兜底保障政策总体稳定

为巩固拓展社会救助兜底保障成果，《指导意见》明确要求，对脱贫人口中完全丧失劳动能力或部分丧失劳动能力且无法通过产业就业获得稳定收入的人口，按规定纳入农村低保或特困人员救助供养范围，并按困难类型及时给予专项救助、临时救助等，做到应保尽保、应兜尽兜。同时，《指导意见》还调整优化了低保渐退期、收入扣减等政策。

低保渐退期主要是指，对于家庭人均收入超过当地低保标准的低保对象，不直接退出低保，继续给予一定期限的低保金，达到期限之后按规定退出低保。低保实行渐退一方面有利于增强低保对象的脱贫稳定性，对于收入刚刚超标的低保对象"扶上马、送一程"，一方面有利于促进低保对象积极就业，打消"一就业就没有低保"的顾虑。当前，全国各地已普遍实行了低保渐退期政策，渐退期时长、渐退方式由各地自行规定，大致在1个月至1年之间。

收入扣减主要是指对就业产生的必要成本，如交通费、小摊贩的进货成本等，在核算家庭收入时适当给予扣减。实行收入扣减措施的考虑主要是由于一些困难群众本身就业困难且不稳定，仅核算收入可能刚刚超过低保标准，无法纳入低保范围，但实际生活水平又在低保标准之下。为更好保障困难群众基本生活，同时促进低保对象积极就业，《指导意见》提出对就业产生的必要成本可以予以扣减。

（二）完善基本生活救助标准动态调整机制

脱贫攻坚期内，为落实习近平总书记关于低保标准、扶贫标准"两线合一"的要求，民政部指导督促地方着力提高农村低保标准，全国农村低保平均标准由2014年底的2 777元/（人·年）增长到2020年底的5 962元/（人·年）。截至2021年9月，全国农村低保平均标准已达到每人每年 6 299 元，仅有 20 个县低保标准低于 4 000 元/（人·年）。脱贫攻坚战结束后，低保、特困人员救助供养等基本生活救助标准制定的主要目标，仍然是保障困难群众的基本生活。因此，过渡期内要进一步优化完善基本生活救助标准动态调整机制，既要保证兜底有力，也要防止冒进攀比。据此，《指导意见》提出，要综合考虑居民人均消费支出或人均可支配收入等因素，结合当地财力状况，合理制定与当地经济社会发展水平相适应的低保标准和特困人员救助供养标准。要求各省（自治区、直辖市）制定本行政区域内相对统一的区域救助标准或最低指导标准。

同时，《指导意见》要求，要进一步完善社会救助和保障标准与物价上涨挂钩的联动机制，优化联动机制启动和补贴金发放程序，确保及时足额向困难群众发放价格临时补贴。2021 年 11 月，民政部联合国家发展改革委等部门印发《关于进一步健全社会救助和保障标准与物价上涨挂钩联动机制的通知》（发改价格〔2021〕1553 号），对价格临时补贴发放标准、保障对象范围等作出进一步优化调整。

（三）建立低收入人口动态监测预警机制

2020 年 3 月，民政部会同原国务院扶贫办制定《社会救助兜底脱贫行动方案》（民发〔2020〕18 号），要求各地健全完善监测预警机制，重点关注未脱贫人口和收入不稳定、持续增收能力较弱、返贫风险较高的已脱贫人口以及建档立卡边缘人口等，根据监测预警情况，有针对性开展摸排核查，及时落实救助政策，这项工作为圆满完成社会救助兜底脱贫任务发挥决定性作用。为进一步巩固兜底脱贫成果，《指导意见》提出以低保对象、特困人员、农村易返贫致贫人口、因病因灾因意外事故等刚性支出较大或收入大幅缩减导致基本生活出现严重困难人口以及其他低收入人口为重点，建立完善低收入人口动态监测信息平台，为相关部门、单位和社会力量开展救助帮扶提供支持。低收入人口动态监测预警机制的建立，对于防止规模性返贫有着重要意义。2021 年 4 月，民政部印发《全国低收入人口动态监测信息平台总体建设方案》（民办发〔2021〕6 号），提出依托现有信息系统，整合各渠道低收入人口数据资源，深化分析应用，建成全国低收入人口动态监测信息平台，实现对低收入人口的信息汇聚、常态监测、快速预警，做到即时干预、精准救助、综合帮扶，坚决守住不发生规模性返贫的底线，切实保障好困难群众基本生活。

（四）完善主动发现快速响应机制

虽然近年来，社会救助体系已逐步建立完善，但仍然存在一些困难群众受健康状况、文化水平、政策知晓度等因素影响，难以及时提出救助申请，影响了社会救助的时效性和有效性。因此，《指导意见》提出，要利用低收入人口动态监测预警机制，及时发现需要救助的困难群众。一是明确基层组织及相关人员责任。《指导意见》要求，要将走访、发现需要救助的困难群众列为村（社区）组织和基层工作人员的重要工作内容。实际工作中，民政部门要指导村（社区）组织结合构建基层网格化治理体系，加强摸底排查、走访慰问、入户调查、跟踪回访，及时了解、掌握辖区内群众生活状况及遭遇突发事件、意外事故、罹患重病等急难情况，帮助生活困难群众提出救助申请；重点关注村（社区）发生的红白喜事、矛盾纠纷、突发事件，认真研判可能对群众生产生活造成的影响。二是支持引导社会力量参与主动发现。引导和支持社区社会组织、社会工作服务机构、志愿者等社会力量发挥自身优势，积极参与社会救助主动发现，形成救助合力。三是畅通求助渠道。在当地 12345 政府服务热线中设置社会救助服务模块，进一步健全完善社会救助知识库，加强热线值守，保持热线畅通，及时记录、分类处理群众诉求，提高办理效率和服务质量，通过服务热线主动发现困难群众救助需求。

（五）加大低收入人口救助力度

2018 年 7 月，民政部会同财政部、原国务院扶贫办制定《关于在脱贫攻坚三年行动中切实做好社会救助兜底保障工作的实施意见》（民发〔2018〕90 号），规定对未脱贫建档立卡贫困户中靠家庭供养且无法单独立户的重度残疾人、重病患者等完全丧失劳动能力和部分丧失劳动能力的贫困人口，经个人申请，可参照"单人户"纳入农村低保范围。为进一步聚焦特殊困难群体，《指导意见》调整优化了"单人保"政策范围，延续了 2020年民政部会同财政部出台的《关于进一步做好困难群众基本生活保障工作的通知》（民发〔2020〕69号）中的相关要求，对符合条件的重病、重残人员等特殊困难人员，参照"单人户"纳入低保。预计边缘易致贫返贫人口中会有一部分人员以"单人保"形式纳入低保。另外，《指导意见》还明确要求对刚性支出较大的低收入人口根据实际需要给予专项救助或实施其他必要救助措施，防止低收入人口由于刚性支出过大致贫返贫。

（六）创新发展急难社会救助

在实践中，临时救助由于其便利性、灵活性，对低保、特困等长期性社会救助制度起到了很好的补充作用。特别是低保、特困等社会救助制度目前还与户籍地挂钩，如困难群众生活在外地，一般还需回到户籍地申请救助（部分省份已开始探索在居住地申办低保等社会救助）。因此，《指导意见》要求创新发展急难救助。一是探索在急难发生地申请临时救助，由急难发生地审核并发放临时救助金。二是强化急难救助功能，实行"小金额先行救助"，事后补充说明情况，具体金额由各地自行确定。三是用足用好乡镇（街道）临时救助备用金制度，全面落实"先行救助""分级审批"等政策规定，采取"跟进救助""一次审批、分阶段救助"等方式，增强救助时效性。

（七）积极开展服务类社会救助

《指导意见》要求，要在做好物质救助帮扶的基础上，适应困难群众多样化救助需求，探索通过政府购买服务等方式，为低保对象、特困人员等社会救助家庭成员中生活不能自理的老年人、未成年人、残疾人等特殊困难人员，提供必要的访视、照料服务，引进社会工作等专业力量为低收入人口提供心理疏导、资源链接、能力提升、社会融入等服务，形成"物质＋服务"的救助方式。

（八）完善社会救助家庭经济状况核算方法和核对机制

为精准认定低保对象等社会救助对象，2012 年起，民政部开始着手建立社会救助家庭经济状况核对机制，通过搭建信息比对平台，扩大核对数据项，掌握社会救助家庭经济状况。近年来，民政部会同相关部门分别制定了查询户籍、车辆、银行存款、证券财产、住房公积金、住房保障、住房买卖、工商登记、不动产登记、社会保险和就业等信息的具体办法。截至目前，全国 31 个省（自治区、直辖市）和 97％的地市、80％的县（市、区）建立了核对机制，全面开展了核对工作，基本实现了"逢进必核、复审必核"。核对机制建立后，低保对象认定精准度不断提升，错保率大幅下降，仅 2020 年，全国就开展低保等各类核对 1.78 亿人次，同比增长 30.3％，检出不实申报占比 7.76％。精准认定救助对象是社会救助工作中至关重要的环节，因此，《指导意见》强调，要进一步完善社会救助家庭经济状况核算方法和核对机制。一是完善核算方法。为鼓励困难群众参加基本养老保险，《指导意见》明确"十四五"时期中央确定的城乡居民养老保险基础养老金不计入低保家庭、特困人员收入。二是完善核对机制。构建以部级核对平台为核心、省级核对平台为骨干、市县级核对平台为支撑的全国联网核对网络，拓展提升核对信息数据范围和质量。

（九）统筹发展城乡社会救助制度

习近平总书记主持学习时强调指出，加快推进城乡发展一体化，是党的十八大提出的战略任务，也是落实"四个全面"战略布局的必然要求。为落实中央决策部署，《指导意见》对统筹发展城乡社会救助制度也提出明确要求。一是逐步缩小城乡差异。推进城乡社会救助服务均等化，合理配置城乡社会救助资源，加大农村社会救助投入力度。二是进一步放开户籍地限制。鼓励有条件的地区有序推进持有居住证人员在居住地申办社会救助。三是顺应农业转移人口市民化进程，及时将符合条件的农业转移人口纳入户籍地城镇救助范围，主要是针对通过易地搬迁从农村搬迁到城市的群众。四是强化政策统筹。制定完善城乡统一的低保对象、特困人员认定办法，规范低保标准制定和经办服务流程，推进低保、特困等社会救助制度城乡一体化运行。

四、组织保障

一是加强组织领导。《指导意见》要求，各地要制定实施方案，明确时间表、路线图。明确民政部门要负责牵头建立低收入人口动态监测信息库。要求各地要进一步加强基层能力建设，设立村级社会救助协理员，或在困难群众较多的村（社区）建立社会救助服务站（点）。

二是明确职责分工。《指导意见》明确了民政、财政、乡村振兴部门的职责分工，其中民政部门负责将农村低收入人口纳入低保、特困、临时救助范围，财政部门负责做好经费保障工作，乡村振兴部门负责防止返贫监测和帮扶工作，并与民政部门加强数据交换、实时共享。

三是加强宣传引导。《指导意见》要求，要深入开展政策宣传，加强巩固拓展脱贫攻坚兜底保障成果同乡村振兴有效衔接的政策解读。宣传困难群众基本生活保障工作的做法和经验，营造良好氛围。

人力资源社会保障部　民政部　财政部
国家税务总局　国家乡村振兴局　中国残疾人联合会
关于巩固拓展社会保险扶贫成果
助力全面实施乡村振兴战略的通知

各省、自治区、直辖市及新疆生产建设兵团人力资源社会保障厅（局）、民政厅（局）、财政厅（局）、乡村振兴局、残疾人联合会，国家税务总局各省、自治区、直辖市和计划单列市税务局：

为贯彻党中央、国务院决策部署，巩固拓展社会保险扶贫成果，持续做好脱贫人口、困难群体社会保险帮扶，促进社会保险高质量可持续发展，助力全面实施乡村振兴战略，现就有关事项通知如下：

一、总体要求

以习近平新时代中国特色社会主义思想为指导，全面贯彻党的十九大和十九届二中、三中、四中、五中全会精神，深入学习贯彻习近平总书记在全国脱贫攻坚总结表彰大会、中央政治局第二十八次集体学习和庆祝中国共产党成立 100 周年大会上的重要讲话精神，坚持人民至上，切实解决农村居民和进城务工人员在社会保险方面的急难愁盼问题，完善困难群体社会保险帮扶政策，推动社会保险法定人员全覆盖，提高社会保险保障能力，提升社会保险经办服务水平，充分发挥社会保险在保障和改善民生、维护社会公平、增进人民福祉等方面的积极作用，有效防止参保人员因年老、工伤、失业返贫致贫，为巩固拓展脱贫攻坚成果、全面推进乡村振兴贡献力量，推动人的全面发展、全体人民共同富裕取得更为明显的实质性进展。

二、主要政策措施

（一）减轻困难群体参保缴费负担

完善困难群体参保帮扶政策。对参加城乡居民养老保险的低保对象、特困人员、返贫致贫人口、重度残疾人等缴费困难群体，地方人民政府为其代缴部分或全部最低缴费档次养老保险费。在提高最低缴费档次时，对上述困难群体和其他已脱贫人口可保留现行最低缴费档次。支持和鼓励有条件的集体经济组织和其他社会经济组织、公益慈善组织、个人为参加城乡居民养老保险的困难人员参保缴费提供资助。对灵活就业的进城务工人员，引导其参加企业职工基本养老保险，对符合就业困难人员条件的，按规定落实社会保险补贴政策。

（二）推进社会保险法定人员全覆盖

精准实施全民参保计划，开展精准登记服务，推动放开外地户籍灵活就业人员在就业地参加职工养老保险的户籍限制，组织未参加企业职工基本养老保险的灵活就业人员按规定参加城乡居民基本养老保险，推动基本养老保险应保尽保。"十四五"时期，中央确定的城乡居民基础养老金不计入低保家庭、特困人员收入。扩大失业保险覆盖范围，使更多农民工按规定参加失业保险并享受政策保障。推进职业伤害保障试点，加强平台灵活就业人员职业伤害保障。落实《工伤预防五年行动计划（2021—2025)》，重点在工伤事故和职业病高发的行业企业实施，切实降低工伤事故发生率，防止因伤致贫、因伤返贫。

（三）提高社会保险待遇水平

完善落实城乡居民基本养老保险待遇确定与基础养老金正常调整机制，适时提高城乡居民基础养老金标准，鼓励引导符合条件的城乡居民早参保、多缴费，规范个人账户记账利率办法，提高个人账户养老金水平。推进各省统一农民工和城镇职工失业保险参保缴费办法，享受同等待遇。按规定落实失业保险参保职工技能提升补贴政策，助力乡村振兴人才培养。落实工伤保险待遇调整机制，切实保障工伤农民工返乡后各项工伤保险待遇的落实，稳步提升工伤保险保障效能。

（四）提升基金安全性和可持续性

加快推进企业职工基本养老保险全国统筹，进一步均衡地区之间基金负担，确保基本养老金按时足额发放。全面推进工伤保险基金省级统收统支，推动失业保险基金省级统收统支，提高基金互助共济能力。继续推动城乡居民基本养老保险基金委托投资运营，将2017年以来每年新增结余不低于80％用于委托投资，不断提高投资收益，实现基金保值增值。健全政策、经办、信息、监督"四位一体"基金管理风险防控体系，持续推进风险防控措施"进规程、进系统"，完善经办内控制度，防范基金跑冒滴漏风险，确保基金安全。

（五）加强社会保险经办服务能力

加强脱贫地区基本公共服务能力建设，重点支持国家重点帮扶县社保经办服务能力提升，补齐区域性社保经办管理服务短板，增强乡镇（街道）、村（社区）社保服务平台管理和服务水平。推进养老保险关系转移接续实现"跨省通办"。优化城乡养老保险制度衔接流程，实行城乡居民养老保险转移和城乡养老保险制度衔接的网上申请。落实超期业务督办等工作机制，提升转移业务经办效率。加大农村地区社会保障卡发行和应用力度，基本实现人口全覆盖。加强全国统一的社会保险公共服务平台建设，推动农村地区社保公共服务资源整合和综合柜员制服务。加快社保经办数字化转型，让"数据多跑路，群众少跑腿"。深入推进失业保险待遇"畅通领、安全办"。根据农村特点，坚持传统服务方式和智能化服务创新并行，为老年人、残疾人等群体提供更加便捷的服务。

三、组织实施

（一）加强组织领导。各地要落实中央统筹、省负总责、市县乡抓落实的工作机制，把推进社会保险事业高质量可持续发展作为巩固拓展脱贫攻坚成果、推动实施乡村振兴战略、实现共同富裕的重要举措，完善政策措施，优化经办服务，加强协调配合，统筹做好政策衔接、任务落实和督促考核等工作。

（二）加强部门协作。明确部门分工，落实部门职责，强化工作协同。人力资源社会保障部门要牵头做好相关政策研究制定，抓好政策落实。财政部门要加强经费保障，重点关注脱贫地区预算安排和资金分配下达情况，确保按时足额拨付到位。税务部门要切实做好城乡居民养老保险等各项社会保险费征收工作。人力资源社会保障、民政、税务、乡村振兴部门和残联要加强数据共享，定期开展脱贫人口、低保对象、特困人员、返贫致贫人口、重度残疾人参保信息数据比对，加强重点群体监测分析，积极主动开展社会保险帮扶工作。

（三）加强宣传引导。大力宣传社会保险帮扶政策和服务举措，加强政策培训，广泛开展"看得懂、算得清"政策宣传活动。注重运用通俗易懂的语言和群众易于接受的方式，利用受众面广、宣传效果好的各类媒体开展系列宣传活动，积极入村入户入企开展政策宣传解读，提高政策知晓度。坚持正确舆论导向，深入挖掘社会保险帮扶的生动案例，讲好乡村振兴中社会保险帮扶故事，广泛宣传社会保险帮扶在助力实施乡村振兴战略中取得的积极进展和成效，营造良好舆论氛围。

人力资源社会保障部

民政部

财政部

国家税务总局

国家乡村振兴局

中国残疾人联合会

2021 年 8 月 13 日

《关于巩固拓展社会保险扶贫成果
助力全面实施乡村振兴战略的通知》政策解读

人力资源社会保障部农村社会保险司

2021 年 8 月 13 日，人力资源社会保障部会同民政部、财政部、国家税务总局、国家乡村振兴局、中国残联印发《关于巩固拓展社会保险扶贫成果助力全面实施乡村振兴战略的通知》（人社部发〔2021〕64 号，以下简称《通知》），调整完善社会保险帮扶政策，持续做好脱贫人口、困难群体社会保险帮扶工作，促进社会保险高质量可持续发展，助力全面实施乡村振兴战略。

一、巩固拓展社会保险扶贫成果同乡村振兴战略有效衔接的重要意义

党的十八大以来，以习近平同志为核心的党中央把脱贫攻坚摆在治国理政的突出位置，作为实现第一个百年奋斗的重点任务，纳入"五位一体"总体布局和"四个全面"战略布局，作出一系列重大部署和安排，全面打响脱贫攻坚战。人力资源社会保

障部门深入贯彻落实党中央、国务院关于打赢脱贫攻坚战决策部署，聚焦"建档立卡贫困人口基本养老保险全覆盖"目标任务，按照"社会保障兜底一批"有关要求，充分发挥基本养老保险、工伤保险、失业保险"安全网""稳定器"作用，制定帮扶政策，创新工作方法，提升经办服务能力，织密扎牢社会保障安全网，在推动贫困人口稳定脱贫、防止返贫致贫方面发挥了积极作用。

截至 2020 年底，累计为 1.19 亿人次贫困人员代缴城乡居民基本养老保险费 129 亿元；共有 6 098 万符合条件的建档立卡贫困人口参加基本养老保险，参保率自 2019 年 9 月以来始终稳定在 99.99% 以上。社会保险覆盖面和保障水平稳步提高。我国现行标准下农村贫困人口实现全部脱贫、贫困县全部摘帽、区域性整体贫困问题得到解决。

脱贫摘帽不是终点，而是新生活、新奋斗的起点。习近平总书记强调，脱贫攻坚取得胜利后，要全面推进乡村振兴，这是"三农"工作重心的历史性转移；要坚决守住脱贫攻坚成果，做好巩固拓展脱贫攻坚成果同乡村振兴有效衔接，工作不留空档，政策不留空白。做好巩固拓展脱贫攻坚成果同乡村振兴有效衔接，关系到构建以国内大循环为主体、国内国际双循环相互促进的新发展格局，关系到全面建成社会主义现代化国家全局和实现第二个百年奋斗目标。社会保障是保障和改善民生、维护社会公平、增进人民福祉的基本制度保障，是促进经济社会发展，实现广大人民群众共享改革发展成果的重要制度安排。社会保险在我国社会保障体系中处于核心地位，巩固社会保险扶贫成果，完善社会保险帮扶政策，聚焦困难人员精准发力，是加快扎牢织密民生保障安全网、健全多层次社会保障体系的重要内容，是巩固拓展脱贫攻坚成果的重要保障，是推动全面实施乡村振兴战略的重要举措。

二、巩固拓展社会保险扶贫成果助力全面实施乡村振兴战略的总体要求

以习近平新时代中国特色社会主义思想为指导，全面贯彻党的十九大和十九届二中、三中、四中、五中全会精神，深入学习贯彻习近平总书记在全国脱贫攻坚总结表彰大会、中央政治局第二十八次集体学习和庆祝中国共产党成立100周年大会上的重要讲话精神，坚持人民至上，切实解决农村居民和进城务工人员在社会保险方面的急难愁盼问题，完善困难群体社会保险帮扶政策，推动社会保险法定人员全覆盖，提高社会保险保障能力，提升社会保险经办服务水平，充分发挥社会保险在保障和改善民生、维护社会公平、增进人民福祉等方面的积极作用，有效防止参保人员因年老、工伤、失业返贫致贫，为巩固拓展脱贫攻坚成果、全面推进乡村振兴贡献力量，推动人的全面发展、全体人民共同富裕取得更为明显的实质性进展。

三、主要政策措施

（一）减轻困难群体参保缴费负担

帮助困难群体参加基本养老保险，是巩固脱贫攻坚成果，实现贫困人口稳定脱贫的重要举措。《通知》规定，"对参加城乡居民养老保险的低保对象、特困人员、返贫致贫人口、重度残疾人等缴费困难群体，地方人民政府为其代缴部分或全部最低标准养老保险费。在提高最低缴费档次时，对上述困难群体和其他已脱贫人口可保留现行最低缴费档次。支持和鼓励有条件的集体经济组织和其他社会经济组织、公益慈善组织、个人为参加城乡居民养老保险的困难人员参保缴费提供资助。"延续了脱贫攻坚时期对困难群体参加城乡居民基本养老保险帮扶政策，拓展了资助渠道，同时根据新形势、新情况对帮扶对象进行了调整，通过代缴保费和降低缴费标准等措施，帮助缴费困难群体和已脱贫人口参加城乡居民基本养老保险，从而使其在年老时获得制度性保障。《通知》指出，"对灵活就业的进城务工人员，引导其参加企业职工基本养老保险，对符合就业困难人员条件的，按规定落实社会保险补贴政策。"旨在引导有条件的城乡居民参加企业职工养老保险，以在年老时获得更高的保障水平。

（二）推进社会保险法定人员全覆盖

推进法定人员全覆盖，是实现社会保险有效保障的基本前提。《通知》提出，"精准实施全民参保计划，开展精准登记服务，推动放开外地户籍灵活就业人员在就业地参加职工养老保险的户籍限制，组织未参加企业职工基本养老保险的灵活就业人员按规定参加城乡居民基本养老保险。""'十四五'时期，中央确定的城乡居民基础养老金不计入低保家庭、特困人员收入。""扩大失业保险覆盖范围。""推进职业伤害保障试点，加强平台灵活就业人员职业伤害保障。落实《工伤预防五年行动计划（2021—2025）》。"推动基本养老保险应保尽保，实现城乡居民养老保险与低保等其他社会保障政策有效衔接，使更多农民工能够按规定参加失业保险、工伤保险，获得相应政策保障。

（三）提高社会保险待遇水平

提高社会保险待遇水平，是确保稳定脱贫、防止返贫致贫的重要保障。《通知》规定，"完善落实城乡居民基本养老保险待遇确定与基础养老金正常调整机制，适时提高城乡居民基础养老金标准，鼓励引导符合条件的城乡居民早参保、多缴费，规范个人账户记账利率办法，提高个人账户养老金水平。推进各省统一农民工和城镇职工失业保险参保缴费办法，享受同等待遇。按规定落实失业保险参保职工技能提升补贴政策，助力乡村振兴人才培养。落实工伤保险待遇调整机制，切实保障工伤农民工返乡后各项工伤保险待遇的落实，稳步提升工伤保险保障效能。"通过提高城乡居民养老保险、失业保险、工伤保险待遇水平，不断提升社会保险保障能力，防止参保人员因年老、失业、工伤致贫返贫。

（四）提升基金安全性和可持续性

提升社会保险基金安全性和可持续性，是巩固社会保险扶贫成果、推动社会保险健康可持续发展的根本保障。《通知》要求，"加快推进企业职工基本养老保险全国统筹，进一步均衡地区之间基金负担，确保基本养老金按时足额发放。全面推进工伤保险基金省级统收统支，推动失业保险基金省级统收统支，提高基金互助共济能力。继续推动城乡居民基本养老保险基金委托投资运营，将2017年以来每年新增结余不低于80％用于委托投资，不断提高投资收益，实现基金保值增值。健全政策、经办、信息、监督'四位一体'基金管理风险防控体系，持续推进风险防控措施'进规程、进系统'，完善经办内控制度，防范基金跑冒滴漏风险，确保基金安全。"通过提高基金统筹层次、推动基金保值增值、加强基金风险防控，提高基金支撑能力，确保基金安全。

（五）加强社会保险经办服务能力

提升社会保险经办服务能力建设，是落实社会保险帮扶政策的关键环节。《通知》要求，"加强脱贫地区基本公共服务能力建设，重点支持国家重点帮扶县社保经办服务能力提升，补齐区域性社保经办管理服务短板，增强乡镇（街道）、村（社区）社保服务平台管理和服务水平。推进养老保险关系转移接续实现'跨省通办'。优化城乡养老保险制度衔接流程，实行城乡居民养老保险转移和城乡养老保险制度衔接的网上申请。落实超期业务督办等工作机制，提升转移业务经办效率。加大农村地区社会保障卡发行和应用力度，基本实现人口全覆盖。加强全国统一的社会保险公共服务平台建设，推动农村地区社保公共服务资源整合和综合柜员制服务。加快社保经办数字化转型，让'数据多跑路，群众少跑腿'。深入推进失业保险待遇'畅通领、安全办'。同时，根据农村特点，坚持传统服务方式和智能化服务创新并行，为老年人、残疾人等群体，提供更加便捷的服务。"切实让党的惠民政策落实、落细，不断增强人民群众的获得感、幸福感和安全感。

四、组织实施

《通知》要求，各地要落实中央统筹、省负总责、市县乡抓落实的工作机制，把推进社会保险事业高质量可持续发展作为巩固拓展脱贫攻坚成果、推动实施乡村振兴战略、实现共同富裕的重要举措，完善政策措施，优化经办服务，加强协调配合，统筹做好政策衔接、任务落实和督促考核等工作。《通知》强调，人力资源社会保障部门要牵头做好相关政策研究制定，抓好政策落实。财政部门要加强经费保障，重点关注脱贫地区预算安排和资金分配下达情况，确保按时足额拨付到位。税务部门要切实做好城乡居民养老保险等各项社会保险费征收工作。人力资源社会保障、民政、税务、乡村振兴部门和残联要加强数据共享，定期开展脱贫人口、低保对象、特困人员、返贫致贫人口、重度残疾人参保信息数据比对，加强重点群体监测分析，积极主动开展社会保险帮扶工作。

住房和城乡建设部　财政部
民政部　国家乡村振兴局
关于做好农村低收入群体等重点对象
住房安全保障工作的实施意见

各省、自治区、直辖市住房和城乡建设厅（委、管委）、财政厅、民政厅、乡村振兴（扶贫）部门，新疆生产建设兵团住房和城乡建设局、财务局、民政局、扶贫办：

2020 年底，脱贫攻坚贫困人口住房安全有保障目标任务全面完成。为进一步巩固拓展脱贫攻坚成果，接续推动乡村全面振兴，根据《中共中央　国务院关于实现巩固拓展脱贫攻坚成果同乡村振兴有效衔接的意见》，现就做好农村低收入群体等重点对象住房安全保障工作提出如下实施意见。

一、总体要求

以习近平新时代中国特色社会主义思想为指导，深入贯彻落实党的十九大和十九届二中、三中、四中、五中全会精神，立足新发展阶段，贯彻新发展理念，构建新发展格局，坚持以人民为中心，按照党中央、国务院关于建立健全巩固拓展脱贫攻坚成果长效机制的决策部署，继续实施农村危房改造和地震高烈度设防地区农房抗震改造，"十四五"期间，在保持政策稳定性、延续性的基础上调整优化，逐步建立健全农村低收入群体住房安全保障长效机制，实现巩固拓展脱贫攻坚成果同乡村振兴有效衔接。

二、主要原则

安全为本。以实现农村低收入群体住房安全有保障为根本，建立农房定期体检制度，加强日常维修管护，推进农村危房改造和农房抗震改造，加强质量安全技术指导与监督管理，及时消除房屋安全隐患。

因地制宜。各地根据实际情况确定农村低收入群体等重点对象住房保障方式、建设标准等，指导农户采取多种方式保障住房安全，就地取材降低建设成本。

农户主体。农户是实现其住房安全的责任主体，对于发现的房屋安全隐患，应提出危房改造申请并组织实施。实施危房改造的农户应充分参与改造方案选择、筹措资金、投工投劳、施工过程质量监督与竣工验收等全过程。

提升质量。巩固拓展脱贫攻坚成果，统筹提升农房居住功能和建筑风貌，改善农村低收入群体等重点对象住房条件和居住环境，接续推进乡村全面振兴。

三、保障对象

（一）巩固拓展脱贫攻坚成果方面。农村住房安全保障对象主要是农村低收入群体，包括农村易返贫致贫户、农村低保户、农村分散供养特困人员，以及因病因灾因意外事故等刚性支出较大或收入大幅缩减导致基本生活出现严重困难家庭等。

（二）接续推进乡村振兴方面。为保持农村危房改造政策和农村住房救助政策的延续性，对农村低保边缘家庭和未享受过农村住房保障政策支持且依靠自身力量无法解决住房安全问题的其他脱贫户给予支持。

农村低收入群体等重点对象中住房安全未保障的，可由农户本人向村委会（社区）提出申请，按照村评议、乡镇审核、县级审批的工作程序，对经鉴定或评定住房确属 C 级或 D 级或无房户予以住房安全保障支持。对于保障对象中失能失智无法提出申请的特殊人员，由村委会（社区）帮助其提出住房保障申请。各地要加强政策宣传，畅通问题反映渠道，及时将符合条件的农户纳入支持范围。

四、保障方式

通过农户自筹资金为主、政府予以适当补助方式实施农村危房改造，是农村低收入群体等重点对象住房安全保障的主要方式。符合条件的保障对象可纳入农村危房改造支持范围，根据房屋危险程度和农户改造意愿选择加固改造、拆除重建或选址新建等方式解决住房安全问题。对于已实施过农村危房改造但由于小型自然灾害等原因又变成危房且农户符合条件的，有条件的地区可将其再次纳入支持范围，但已纳入因灾倒损农房恢复重建补助范围的，不得重复享受农村危房改造支持政策。

鼓励各地采取统建农村集体公租房、修缮加固现有闲置公房等方式，供自筹资金和投工投劳能力弱的特殊困难农户周转使用，解决其住房安全问题。村集体也可以协助盘活农村闲置安全房屋，向符合条件的保障对象进行租赁或置换，地方政府可给予租赁或置换补贴，避免农户因建房而返贫致贫。

7度及以上抗震设防地区住房达不到当地抗震设防要求的，引导农户因地制宜选择拆除重建、加固改造等方式，对抗震不达标且农户符合条件的农房实施改造。

五、工作任务

（一）健全动态监测机制。各地住房和城乡建设部门要与乡村振兴（扶贫）、民政等部门加强协调联动和数据互通共享，健全完善农村低收入群体等重点对象住房安全动态监测机制。对于监测发现的住房安全问题要建立工作台账，实行销号制度，解决一户，销号一户，确保所有保障对象住房安全。

（二）加强质量安全管理。各地要加强乡村建设工匠等技术力量培训，建立行政区域内技术帮扶机制，帮助技术力量薄弱的地区落实农村房屋安全性鉴定等相关技术要求，确保鉴定结果准确。因地制宜编制符合安全要求及农民生活习惯的农房设计通用图集，免费提供农户参考，引导农户选择低成本的改造方式。加强施工现场巡查与指导监督，及时发现问题并督促整改，指导做好竣工验收，确保改造后的房屋符合安全要求。

（三）**提升农房建设品质。**在确保房屋基本安全的前提下，以实施乡村建设行动、接续推进乡村全面振兴为目标加强农房设计，提升农房建设品质，完善农房使用功能。鼓励北方地区继续在改造中同步实施建筑节能改造，在保障住房安全性的同时降低能耗和农户采暖支出，提高农房节能水平。鼓励有条件的地区推广绿色建材应用和新型建造方式，推进水冲式厕所入户改造和建设，改善农村住房条件和居住环境。

（四）**加强监督和激励引导。**各地要落实保障对象公示制度，将保障对象基本信息和各审查环节的结果在村务公开栏进行公示，强化群众监督作用。加强补助资金使用监管，及时拨付补助资金，主动接受纪检监察、审计和社会监督，坚决查处挪用、冒领、克扣、拖欠补助资金和索要好处费等违法违规违纪行为。继续执行年度绩效评价与督查激励制度，充分发挥其正向激励作用，提升农村低收入群体住房安全保障工作实效。

六、保障措施

（一）强化责任落实落地。 农村低收入群体等重点对象住房安全保障工作实行省（自治区、直辖市）负总责，市（地、州）县（市、区）乡（镇）抓落实的责任机制，中央统筹指导。相关部门要各司其职，加强政策引导，形成协同推进工作合力。住房和城乡建设部门负责统筹推进农村危房改造工作，组织编制农村房屋安全性鉴定、建管等政策规定和技术要求并组织实施；财政部门负责安排农村危房改造补助资金，加强资金使用监管；民政部门负责认定农村低保户、农村分散供养特困人员、农村低保边缘家庭；乡村振兴（扶贫）部门会同有关部门负责认定因病因灾因意外事故等刚性支出较大或收入大幅缩减导致基本生活出现严重困难家庭；乡村振兴（扶贫）部门负责认定农村易返贫致贫户、符合条件的其他脱贫户。各地各部门要合理安排工作计划，积极推进工程实施，统筹做好项目、资金、人力调配，对乡村振兴重点帮扶县予以倾斜支持。要充分发挥防止返贫监测和帮扶机制作用，持续跟踪住房安全保障情况，加强部门协作和信息共享，及时发现安全隐患，及时给予妥善帮扶，切实保障农村低收入群体等重点对象住房安全。

（二）拓宽资金筹措渠道。 建立农户主体、政府补助、社会帮扶等多元化资金筹措机制。地方各级财政要加强资金保障，中央财政通过现有资金渠道支持地方做好农村低收入群体等重点对象住房安全保障工作。鼓励各地结合实际制定农村房屋保险政策，引导保险机构设立"农村住房安全保险"险种，减轻自然灾害等原因对农户住房和生活的影响。加大对农村住房安全保障的信贷支持力度，鼓励金融机构向获得危房改造政策支持的农户提供贷款支持，地方可视情给予财政贴息等政策支持。

（三）**加强日常管理服务。**各地要进一步加强乡村建设管理与技术力量，确保农房建管落实到位。建立农村房屋全生命周期管理制度，充分依靠乡（镇）政府和村"两委"，落实农户住房安全日常巡查、改造过程技术指导与监督等职责。加强对乡村建设工匠的培训和管理，提升房屋建设管理水平，并为农户对改造后房屋的日常维护与管理提供技术支持。

各地要及时总结经验，围绕保障对象确认、资金补助标准、危房改造方式、日常维修管护等方面积极探索有效做法，逐步建立长效机制。

住房和城乡建设部

财政部

民政部

国家乡村振兴局

2021 年 4 月 14 日

《关于做好农村低收入群体等重点对象住房安全保障工作的实施意见》政策解读

住房和城乡建设部村镇建设司

为贯彻落实党中央、国务院关于巩固拓展脱贫攻坚成果同乡村振兴有效衔接的决策部署，持续做好农村低收入群体等重点对象住房安全保障工作，2021 年 4 月，住房和城乡建设部、财政部、民政部、国家乡村振兴局等 4 部门联合印发《关于做好农村低收入群体等重点对象住房安全保障工作的实施意见》（以下简称《实施意见》），明确"十四五"期间继续实施农村危房改造和地震高烈度设防地区农房抗震改造，逐步建立健全农村低收入群体住房安全保障的长效机制。

一、背景和意义

（一）农村贫困群众住房安全问题得到历史性解决

党的十八大以来，以习近平同志为核心的党中央把解决农村贫困人口住房安全问题作为实现贫困人口脱贫的基本要求和核心指标，作为打赢脱贫攻坚战和全面建成小康社会的标志性工程。中央累计安排 2 077 亿元补助资金，支持全国 790 万户、2 568 万建档立卡贫困户改造危房，同步支持 1 075 万户、3 500 多万农村低保户、分散供养特困人员、贫困残疾人家庭等边缘贫困群体改造危房，我国绝对贫困人口的住房安全问题得到了历史性的解决，数千万农村贫困群众实现了"安居梦"，为打赢脱贫攻坚战奠定了坚实基础。

（二）继续实施农村危房改造是巩固拓展脱贫攻坚成果的内在要求

实施农村危房改造只是消除了现有的农村危房，正如人有生老病死，房子也有生命，随着时间的推移，新房会变老，老房会变危，加之受自然灾害等影响，农村房屋安全隐患时刻存在。2 341.6 万户脱贫群众的住房量大、面广、分散，要巩固拓展脱贫攻坚成果，保障好每一户、每一个脱贫群众的住房安全，任务艰巨、责任重大。同时，还有农村低保户、农村分散供养特困人员、因病因灾因意外事故等刚性支出较大或收入大幅缩减导致基本生活出现严重困难家庭等农村低收入群体的住房安全问题也需要予以保障。我们要接续推进农村危房改造，做到工作不留空档、政策不留空白，确保脱贫攻坚农村危房改造成果得以巩固拓展，经得起历史和人民的检验。

（三）继续实施农村危房改造是接续推进乡村全面振兴的有效途径

民族要复兴，乡村必振兴。要做好乡村振兴这篇大文章，实施乡村建设行动是重要抓手，而农房是乡村建设最主要、最基本的要素，是农民群众最关心、最直接、最现实的利益。农村危房改造作为保障农村低收入群体住房安全的普惠性民生保障政策，是实施乡村建设行动的重要内容。"十四五"时期，要坚持把农村危房改造作为一项基础性、长期性、系统性的工作持续推进，逐步建立农村低收入群体住房安全保障长效机制，不断满足农村低收入群众住房质量安全和品质提升需求，为推进乡村全面振兴提供坚实基础。

二、"十四五"期间持续做好农村低收入群体等重点对象住房安全保障工作

党中央、国务院高度重视农村低收入群体的住房安全保障问题，新颁布的《中华人民共和国乡村振兴促进法》中明确提出，要建立农村低收入群体住房安全保障制度。新印发的《国家基本公共服务标准（2021 版）》中也明确提出要实施农村危房改造，解决农村低收入群体住房安全问题。住房和城乡建设部联合财政部、民政部、国家乡村振兴局印发的《实施意见》，进一步明确了"十四五"期间农村低收入群体等重点对象住房安全保障工作目标任务和政策举措，要认真抓好组织实施。

（一）主要原则

《实施意见》深入贯彻习近平新时代中国特色社会主义思想，认真落实党中央、国务院决策部署，坚持以人民为中心的发展思

想，把保障人民群众生命财产安全放在第一位，明确了做好农村低收入群体等重点对象住房安全保障工作的四条主要原则。

一是坚持安全为本。安全是群众对住房的第一需求，要以实现农村低收入群体住房安全有保障为根本，建立农房定期体检制度，加强日常维修管护，推进农村危房改造和农房抗震改造，加强质量安全技术指导与监督管理，及时消除房屋安全隐患。

二是坚持因地制宜。各地农房建设因自然环境、地域特点、历史文化、经济社会发展水平等方面存在差异而不同，因此在保障农房安全工作中不能"一刀切"，要鼓励各地结合实际情况制定不同的建设标准，指导农户采用多种方式保障住房安全，就地取材，降低建设成本，减少低收入群体的经济负担，实现社会效益与经济效益相统一。

三是坚持农户为主。住房是农民自己的，农民是实现其住房安全的责任主体。要提升农民群众的主体意识，对于发现的房屋安全隐患，应及时提出危房改造申请并组织实施，同时要鼓励危房改造的农户充分参与改造方案选择、筹措资金、投工投劳、施工过程质量监督与竣工验收等全过程。

四是坚持提升质量。保障住房安全只是底线任务，在全面推进乡村振兴的新征程上，我们要不断满足人民群众对美好生活的需要，统筹提升农村低收入群体等重点对象住房的居住功能和建设品质，改善居住环境，满足农村低收入群体对美好生活的需要。

（二）保障对象

保障对象认定是决定政策落实效果的基础性工作，既要做到不漏一户、不落一人，也要防止盲目扩大范围。脱贫攻坚让许多农村贫困群众告别了四面漏风的泥草屋、住上了宽敞明亮的砖瓦房。但住房安全保障工作不是一劳永逸的，9 899 万脱贫人口的房屋中，有许多房屋在脱贫攻坚阶段经鉴属于安全住房，但是受自然、人为等因素影响，随时可能成为危房，而这部分人的脱贫基础比较薄弱，存在因房返贫的风险。同时，还有一部分介于贫困人口边缘的农村低收入群体的住房安全问题也需予以保障。《实施意见》明确了从巩固拓展脱贫攻坚成果和接续推进乡村振兴两个方面确定住房安全保障对象。

一是巩固拓展脱贫攻坚成果方面。保障对象主要是农村低收入群体，包括农村易返贫致贫户、农村低保户、农村分散供养特困人员，以及因病因灾因意外事故等刚性支出较大或收入大幅缩减导致基本生活出现严重困难家庭等。

二是接续推进乡村振兴方面。为了保持农村危房改造政策和农村住房救助政策的延续性，对农村低保边缘家庭和从未享受过农村住房保障政策支持且依靠自身能力无法解决住房安全问题的其他脱贫户，一并给予支持。

这些保障对象，由民政部门负责认定农村低保户、农村分散供养特困人员、农村低保边缘家庭，由乡村振兴部门会同有关部门负责认定因病因灾因意外事故等刚性支出较大或收入大幅缩减

导致基本生活出现严重困难家庭，由乡村振兴部门负责认定农村
易返贫致贫户、符合条件的其他脱贫户等。

农村低收入群体等重点对象申请危房改造，由本人向村委会
和社区提出申请，按照村评议、乡镇审核、县级审批的工作程
序，对经鉴定或评定为 C、D 级危房的纳入保障范围。对于保障
对象中一些失能、失智无法提出申请的，可以由村委会帮助提出
住房保障的申请。同时，要加强政策宣传，畅通问题反映渠道，
及时将符合条件的农户纳入支持范围。

（三）保障方式

《实施意见》指出，通过农户自筹资金为主、政府予以适当
补助方式实施农村危房改造，是农村低收入群体等重点对象住房
安全保障的主要方式。同时也鼓励各地采取统建农村集体公租
房、修缮加固现有闲置公房等方式，供自筹资金和投工投劳能力
弱的特殊困难农户周转使用，解决其住房安全问题。村集体也可
以协助盘活农村闲置安全房屋，向符合条件的保障对象进行租赁
或置换，地方政府可给予租赁或置换补贴，避免农户因建房而返
贫致贫。

《实施意见》指出，对于 7 度及以上抗震设防地区住房达不
到当地抗震设防要求的，要引导农户因地制宜选择拆除重建、加固
改造等方式，对抗震不达标且农户符合条件的农房实施抗震改造。

（四）工作任务

《实施意见》根据新发展阶段的新要求，从四个方面明确了

做好农村低收入群体等重点对象住房安全有保障工作的重点任务。

一是健全动态监测机制。健全动态监测机制是做好农村低收入群体等重点对象住房安全保障工作的关键抓手，需要各地住房和城乡建设部门与乡村振兴、民政等部门加强协调联动和数据互通共享，对于监测发现的住房安全问题要建立工作台账，实行销号制度，解决一户，销号一户，做到早干预、早帮扶、早消除隐患，确保所有保障对象住房安全。

二是加强质量安全管理。《实施意见》明确要求各地要加强乡村建设工匠等技术力量培训，建立行政区域内技术帮扶机制，帮助技术力量薄弱的地区落实农村房屋安全性鉴定等相关技术要求，确保鉴定结果准确。因地制宜编制符合安全要求及农民生活习惯的农房设计通用图集，免费提供农户参考，引导农户选择低成本的改造方式。加强施工现场巡查与指导监督，及时发现问题并督促整改，指导做好竣工验收，确保改造后的房屋符合安全要求。

三是提升农房建设品质。脱贫摘帽不是终点，而是新生活、新奋斗的起点。《实施意见》指出，在确保房屋基本安全的前提下，以实施乡村建设行动、接续推进乡村全面振兴为目标加强农房设计，提升农房建设品质，完善农房使用功能。

四是加强监督和激励引导。农村危房改造涉及农民群众切身利益，符合条件的低收入群体能否获得政府支持、补助资金能否及时足额发放到位等，直接影响人民群众对政策的满意度。为此，《实施意见》要求各地要落实保障对象公示制度，将保障对象基本信息和各审查环节的结果在村务公开栏进行公示，强化群众监督作用。加强补助资金使用监管，及时拨付补助资金，主动接受纪检监察、审计和社会监督，坚决查处挪用、冒领、克扣、拖欠补助资金和索要好处费等违法违规违纪行为。继续执行年度绩效评价与督查激励制度，充分发挥其正向激励作用，提升农村低收入群体住房安全保障工作实效。

（五）保障举措

政策要落地见效，必须要有明确的责任落实机制、资金筹措机制和强有力的日常管理服务机制。

一是强化责任落实落地。《实施意见》进一步明确了做好农村低收入群体等重点对象住房安全保障工作责任分工。实行省（自治区、直辖市）负总责，市（地、州）县（市、区）乡（镇）抓落实的责任机制，中央统筹指导。相关部门要各司其职，加强政策引导，形成协同推进工作合力。住房和城乡建设部门负责统筹推进农村危房改造工作，组织编制农村房屋安全性鉴定、建管等政策规定和技术要求并组织实施；财政部门负责安排农村危房改造补助资金，加强资金使用监管；民政、乡村振兴等部门负责农村低收入群体等重点对象认定。各地各部门要合理安排工作计划，积极推进工程实施，统筹做好项目、资金、人力调配，对乡村振兴重点帮扶县予以倾斜支持。要充分发挥防止返贫监测和帮扶机制作用，持续跟踪住房安全保障情况，加强部门协作和信息共享，及时发现安全隐患，及时给予妥善帮扶，切实保障农村低收入群体等重点对象住房安全。

二是拓宽资金筹措渠道。 在资金保障方面，《实施意见》指出，要建立农户主体、政府补助、社会帮扶等多元化资金筹措机制。地方各级财政要加强资金保障，中央财政通过现有资金渠道支持地方做好农村低收入群体等重点对象住房安全保障工作。鼓励各地结合实际制定农村房屋保险政策，引导保险机构设立"农村住房安全保险"险种，减轻自然灾害等原因对农户住房和生活的影响。加大对农村住房安全保障的信贷支持力度，鼓励金融机构向获得危房改造政策支持的农户提供贷款支持，地方可视情给予财政贴息等政策支持。

三是加强日常管理服务。 为提升农房建设和管理水平，确保改造后的农房让农民群众住得安心，住得舒心，《实施意见》要求，各地要进一步加强乡村建设管理与技术力量，确保农房建管落实到位。建立农村房屋全生命周期管理制度，充分依靠乡（镇）政府和村"两委"，落实农户住房安全日常巡查、改造过程技术指导与监督等职责。加强对乡村建设工匠的培训和管理，提升房屋建设管理水平，并为农户对改造后房屋的日常维护与管理提供技术支持。

交通运输部关于巩固拓展交通运输脱贫攻坚成果全面推进乡村振兴的实施意见

各省、自治区、直辖市、新疆生产建设兵团交通运输厅（局、委）：

为深入贯彻中央农村工作会议和全国脱贫攻坚总结表彰大会精神，认真落实《中共中央　国务院关于实现巩固拓展脱贫攻坚成果同乡村振兴有效衔接的意见》《中共中央　国务院关于全面推进乡村振兴加快农业农村现代化的意见》部署要求，进一步巩固拓展交通运输脱贫攻坚成果，全面推进乡村振兴战略实施，加快建设交通强国，提出如下意见。

一、总体要求

（一）指导思想。

以习近平新时代中国特色社会主义思想为指导，深入贯彻党的十九大和十九届二中、三中、四中、五中全会精神，统筹推进"五位一体"总体布局，协调推进"四个全面"战略布局，坚持党的全面领导，坚持稳中求进工作总基调，坚持以人民为中心的发展思想，立足新发展阶段、贯彻新发展理念、构建新发展格局，以推动高质量发展为主题，以深化供给侧结构性改革为主线，以改革创新为根本动力，凝聚中央和地方、政府和市场、行业和社会等多方合力，有效巩固拓展交通运输脱贫攻坚成果，一体推进全国交通运输服务支撑乡村振兴战略，夯实交通强国建设基础，为畅通城乡经济循环，促进农业高质高效、乡村宜居宜业、农民富裕富足，加快农业农村现代化提供有力支撑。

（二）主要原则。

先行引领、融合发展。牢牢把握交通"先行官"定位，突出交通运输在国民经济中的基础性、先导性、战略性和服务性作用，围绕"产业兴旺、生态宜居、乡风文明、治理有效、生活富裕"乡村振兴总要求，进一步提档升级、加强衔接，促进与乡村产业融合发展，为乡村全面振兴当好先行。

一体谋划、有效衔接。将交通运输服务乡村振兴战略作为加快建设交通强国的重点任务，进一步做好农村交通发展规划，加强过渡期内农村地区交通运输领域工作机制、发展任务、政策举措等有效衔接，既要防止区域间政策严重不平衡造成"悬崖效应"，也要统筹考虑发展实际对脱贫地区予以倾斜支持，实现政策平稳过渡。

因地制宜、分类指导。立足国情农情，从不同地区发展基础、经济社会发展方向、交通区位条件、资源禀赋和需求特征出发，科学制定目标任务和政策措施，分类指导、递次推进、精准施策，不搞一刀切。

改革创新、统筹协调。深化农村交通重点领域改革，加强政策创新、机制变革、规制完善，推动新技术应用、新业态发展，统筹推进"四好农村路"高质量发展，提升"建管养运"协调发展能力，为新时期交通运输发展提供新动能。

（三）发展目标。

到 2025 年，交通脱贫攻坚成果进一步巩固拓展，农村地区交通基础设施能力、交通运输服务品质进一步提升，高质量发展体系进一步完善，脱贫攻坚与乡村振兴的工作机制、政策制度平稳过渡、有效衔接，交通运输支撑和保障乡村全面振兴成效显著、作用充分发挥。争取全国乡镇通三级及以上公路比例、较大人口规模自然村（组）通硬化路比例、城乡交通运输一体化发展水平 AAAA 级以上区县比例、农村公路优良中等路率均达到 85％左右，基本实现具备条件的建制村通物流快递，基本完成 2020 年底存量四、五类危桥改造，农村交通管理体制机制基本健全，农村公路管理机构运行经费及人员基本支出纳入财政预算，县乡级农村公路管理养护责任有效落实。

二、推进农村交通高质量发展，全面支撑乡村振兴战略实施

（一）推动交通提档升级，支撑乡村产业兴旺。

1. 提升农村地区外通内联水平。 继续加大对革命老区、民

族地区、边疆地区、脱贫地区、垦区林区等交通基础设施建设的支持力度，推动高速公路、铁路、机场、航道等区域性和跨区域重大项目建设，完善综合运输体系。继续开好多站点、低票价的"慢火车"，推进普通国省道瓶颈路段贯通升级，稳步建设支线机场、通用机场和货运机场，加强便民交通码头等农村水路客运基础设施建设，持续推动重要航道碍航设施复航工作。进一步提高农村和边境地区交通通达深度，有序实施乡镇通三级公路建设、老旧公路改造和窄路基路面加宽改造，强化农村公路与干线公路、城市道路以及其他运输方式的衔接。

2. 推进交通与乡村产业融合发展。加强资源路、旅游路、产业路和旅游航道建设，推动串联乡村主要旅游景区景点、主要产业和资源节点、中小城镇和特色村庄等公路、航道建设，支持有条件的地区发展农村水路旅游客运。完善重点旅游景区交通集散体系，推进通用航空与旅游融合发展。以农村公路为依托，探索支持路衍经济发展的路径。继续协同推进百色水利枢纽通航设施建设，打通堵点，改善通航条件。

3. 提高农村交通安全保障能力。加强农村交通安全隐患排查，强化安全监管。开展安全"消危"行动，在基本消除乡道及以上行政等级公路安全隐患的基础上，推进完善村道安全生命防护工程。实施公路危旧桥梁改造行动，配套建设必要桥梁，加大撤渡建桥工作力度。开展船舶碰撞桥梁隐患治理和航运枢纽大坝除险加固专项行动。严格落实交通安全设施与公路建设主体工程"三同时"制度。加大抢险设备和物资投入，扩大农村公路灾害保险覆盖面，及时做好灾后重建和防治工作，提升农村交通安全应急保障和防灾减灾能力。

（二）改善农村交通环境，服务乡村生态宜居。

4. 推动交通项目更多向进村入户倾斜。巩固拓展具备条件的乡镇、建制村通硬化路成果，加强管理养护，对灾毁水毁路段及时修复。因地制宜推进较大人口规模自然村（组）、抵边自然村通硬化路建设。加强通村公路与村内道路连接，统筹规划和实施农村公路的穿村路段，灵活选用技术标准，兼顾村内主干道功能，助力提升农村人居环境水平。结合乡村建设行动，补齐易地搬迁安置区对外交通出行短板。

5. 加强农村路域环境整治。根据服务需求完善交通驿站、停车休息观景点、公共停车场等普通公路沿线服务设施。结合乡村人居环境整治行动，因地制宜实施农村公路路域环境洁化、绿化、美化，继续推进路宅分家、路田分家，深化"美丽农村路"建设，营造美丽宜人并具有文化氛围的农村交通出行环境，助推美丽乡村建设。

6. 促进绿色可持续发展。将资源节约、环境保护理念贯穿到农村交通发展的各领域各环节，最大限度保护重要生态功能区，加强永久基本农田保护，因地制宜选择新技术、新工艺、新材料、新设备，建设与生态环境相适宜的农村交通，推进绿色公路、绿色水运发展。对于环境脆弱、人口流失严重的拟搬迁村庄，统筹生态保护和易地搬迁安置规划等要求，限制新改建交通项目，拓展乡村生态空间。

（三）提升运输服务供给，助推乡村生活富裕。

7. 提高客运服务均等化水平。巩固拓展具备条件的乡镇和建制村通客车成果，改善农村客运安全通行条件，优化服务供给，推动集约化发展。引导各地有序推进城乡公交线路向城区周边重点镇村延伸和农村客运班线公交化改造，提升城乡客运均等化服务水平。因地制宜建设改造农村客运站点，拓展站点客运、货运物流、邮政快递等功能。推动落实县级人民政府主体责任，通过政府购买服务等方式，构建农村客运长效发展机制。

8. 提高物流综合服务水平。统筹利用交通、邮政、快递、农业、商贸等资源，全面推动县、乡、村三级农村物流节点体系建设，支持邮政、快递企业网点下沉，加快推进"快递进村"工程，强化乡镇运输服务站、村级寄递物流综合服务站点建设。推动交邮融合、电商物流、客货同网、货运班线等多种形式农村物流发展，畅通农产品进城、农业生产资料和农民生活消费品下乡的物流服务体系。鼓励各类企业开展业务合作和共享资源，提升物流资源配置效率，降低物流成本。推广农村物流服务品牌，因地制宜推进客货邮融合发展，构建"一点多能、一网多用"的农村运输服务发展模式。

（四）强化管理养护升级，提升高效治理能力。

9. 完善农村公路管理体制。扎实开展农村公路管理养护体制改革试点，全面落实县、乡、村三级"路长制"。健全以路段为基础的农村公路统计管理机制，摸清底数，动态维护，科学决策。加强农村公路路产路权保护。积极推进《中华人民共和国公路法》《农村公路条例》《中华人民共和国道路运输条例》制修订工作，制定出台《农村公路简易铺装路面设计施工技术细则》《农村公路技术状况评定标准》《小交通量农村公路安全设施设计细则》等，完善行业制度标准体系。

10. 健全农村公路养护长效机制。建立以各级公共财政投入为主、多渠道筹措为辅的农村公路养护资金保障机制。推进农村公路养护市场化改革，建立政府与市场合理分工的养护生产组织模式，提高养护专业化、机械化、规模化水平。创新多种养护模式，积极探索对不同行政等级公路组成的农村公路骨干路网实行集中统一养护和周期性养护。

11. 注重科技创新赋能。注重现代信息技术在农村交通运输中的应用，逐步提升农村交通基础设施规划、设计、建造、养护、运行管理等全要素、全周期数字化水平。开展农村公路建设、管理、养护、运行一体的综合性管理服务平台建设，推进农村公路数据共建共享共管。促进交通、旅游等各类信息开放共享、融合发展，倡导"出行即服务（MaaS）"理念。发展"互联网＋"高效物流，创新智慧物流运营模式，推动电子运单跨方式、跨区域共享互认。

（五）加强组织文化建设，促进乡风文明提升。

12. 完善群众参与体系。在小型交通基础设施建设领域积极推广以工代赈，进一步开发"四好农村路"各类公益性岗位，拓宽脱贫人口和农村就业困难人员就业渠道。加强农村公路建设和质量管理，提升基层质量意识和技术水平，落实农村公路建设"七公开"制度，主动接受群众监督。健全群众爱路护路的乡规民约、村规民约，建立共建共治共享的群众参与体系。

13. 加强农村交通人文建设。加强农村地区交通无障碍设施建设，完善无障碍装备设备，健全老年人交通运输服务体系，满足老龄化社会交通需求，提高特殊人群出行便利程度和服务水平。进一步强化古道等历史遗迹保护，开展交通文化内涵研究和传播，注重交通运输与乡村历史文化的结合。加强文明交通绿色出行宣传，强化交通参与者的规则意识、法治素养及社会责任等，推动形成文明乡风。

三、严格落实党中央关于五年过渡期政策要求，做好巩固拓展脱贫攻坚成果同乡村振兴的有效衔接

14. 做好工作体系衔接。调整优化原交通扶贫领导体制，建立统一高效的实现巩固拓展脱贫攻坚成果同乡村振兴有效衔接的决策议事协调工作机制。严格落实党政一把手负责制，把巩固拓展脱贫攻坚成果全面推进乡村振兴摆在突出位置，明确责任部

门，保障工作力量。调整现有专项工作机构设置和具体职能，保持工作力量稳定，推动交通扶贫工作力量和组织保障顺利从脱贫攻坚转向全面推进乡村振兴。

15. 做好规划实施衔接。各省级交通运输主管部门要结合实际，制定贯彻落实《中共中央　国务院关于实现巩固拓展脱贫攻坚成果同乡村振兴有效衔接的意见》《中共中央　国务院关于全面推进乡村振兴加快农业农村现代化的意见》的举措，作出具体工作安排。要将巩固拓展交通运输脱贫攻坚成果、全面推进乡村振兴的重大举措、重大项目纳入"十四五"规划，符合条件的纳入交通强国建设试点，进一步强化政策支持，发挥示范引领。

16. 做好投融资政策衔接。按照过渡期"四个不摘"要求，在"十四五"规划及投资政策中统筹考虑脱贫地区和其他地区实际，"一盘棋"、一体化谋划项目和资金政策。对西藏、新疆以及国家乡村振兴重点帮扶县予以倾斜支持，继续支持革命老区、民族地区、边疆地区交通运输发展。制修订车购税资金、成品油税费改革转移支付有关资金补助政策，综合考虑建设、养护、地方财政资金投入等因素采取"以奖代补"方式支持普通省道和农村公路发展。创新筹融资模式，积极探索通过不动产投资信托基金（REITs），与交通沿线土地、资源、产业等一体化开发，以及建设养护总承包、PPP、设计施工总承包等模式吸引社会资本投入。

17. 继续做好东西部协作和对口支援、定点帮扶工作。根据党中央、国务院部署要求以及所在省（区、市）工作安排，及时调整优化工作机制，进一步做好东西部协作和对口支援、定点帮扶等工作，继续加强党建指导、资金支持、干部选派、消费帮扶、产业协作、教育培训等，帮助帮扶地区进一步巩固拓展脱贫攻坚成果、全面推进乡村振兴。

18. 继续加强统计监测和监督管理。 加强对国家乡村振兴重点帮扶县等重点地区交通指标的跟踪评估。总结好交通运输脱贫攻坚成效和经验，组织开展第三方评估。配合各级乡村振兴部门开展涉及交通运输的扶贫资产管理和监督工作。

四、工作要求

（一）加强组织领导。 强化党建引领保障作用，充分发挥党总揽全局、协调各方的领导核心作用，切实把党的领导落实到交通运输服务乡村振兴战略工作的各方面和全过程。深入学习领会习近平总书记关于乡村振兴和"四好农村路"建设重要论述和指示批示精神，认真贯彻落实党中央、国务院决策部署，提高政治站位，把实现巩固拓展交通脱贫攻坚成果、全面推进乡村振兴、加快建设交通强国作为增强"四个意识"、坚定"四个自信"、做到"两个维护"的具体行动，增强责任意识、担当意识，做到工作不留空档，政策不留空白。坚决反对形式主义、官僚主义，严肃查处交通运输服务乡村振兴领域腐败和作风问题。

（二）强化要素保障。 弘扬新时代交通精神，加大时代楷模、交通楷模等先进人物培树力度，强化干部培养、使用与激励机制建设，引导广大交通人为巩固拓展脱贫攻坚成果同乡村振兴有效衔接而奋斗。积极争取地方财政资金、一般债券加大对农村交通发展的投入力度，加强资金保障。加强与国土空间规划等相关规划及土地政策的衔接，推动优化农村公路用地、环评手续，提高审批效率。

（三）注重考核评价。积极推动落实地方人民政府在农村交通发展中的主体责任，将巩固拓展交通运输脱贫攻坚成果、全面推进乡村振兴工作成效纳入地方人民政府及相关部门的绩效考核体系，加强动态监督检查，完善政策制度，强化督导考评，加强政府监督、社会监督、群众监督。

（四）加强宣传引导。以交通强国建设试点以及"四好农村路"示范创建、城乡交通运输一体化示范县创建为载体，推广成功经验，加强宣传引导。组织"最美农村路"评选，擦亮"我家门口那条路"等品牌，推动工作成果更好地转化为社会认可度和群众满意度。

本实施意见有效期为 2021—2025 年。

交通运输部

2021 年 5 月 28 日

《关于巩固拓展交通运输脱贫攻坚成果全面推进乡村振兴的实施意见》政策解读

交通运输部综合规划司

习近平总书记在全国脱贫攻坚总结表彰大会上强调，脱贫摘帽不是终点，而是新生活、新奋斗的起点。为深入贯彻习近平总书记重要讲话精神，认真落实《中共中央　国务院关于实现巩固拓展脱贫攻坚成果同乡村振兴有效衔接的意见》《中共中央　国务院关于全面推进乡村振兴加快农业农村现代化的意见》部署要求，2021年5月，交通运输部印发了《关于巩固拓展交通运输脱贫攻坚成果全面推进乡村振兴的实施意见》（交规划发〔2021〕51号，以下简称《实施意见》）。《实施意见》是写好加快建设交通强国乡村振兴篇章，扎实做好交通运输领域巩固拓展脱贫攻坚成果同乡村振兴有效衔接的指导性文件。

一、明确四项原则，指引发展新方向

《实施意见》以习近平新时代中国特色社会主义思想为指导，

立足新发展阶段、贯彻新发展理念、构建新发展格局，以推动高
质量发展为主题，以深化供给侧结构性改革为主线，以改革创新
为根本动力，凝聚中央和地方、政府和市场、行业和社会等多方
合力，有效巩固拓展交通运输脱贫攻坚成果，一体推进全国交通
运输服务支撑乡村振兴战略，夯实交通强国建设基础。《实施意
见》提出了四项主要原则，作为各地交通运输部门开展具体工作
的共同遵循。

"先行引领、融合发展"明确了交通运输在全面推进乡村振
兴中的定位和作用。交通运输是全面振兴的先决条件，需要适度
超前发展，进一步提档升级，当好"先行官"和"开路先锋"，
为其他领域发展打好基础、做好支撑。同时，交通运输又是乡村
全面振兴的有机组成，与乡村产业发展、村庄变迁、人口流动等
多个因素相互作用，需要统筹考虑经济、社会、资源、环境等因
素，实现从行业行为向社会行为的转型。

"一体谋划、有效衔接"表明了做好衔接过渡工作的基本思
路。既要将服务乡村振兴战略工作纳入加快建设交通强国进行
统筹考虑，更加注重宏观层面的行业指导，避免不同区域间政
策严重不平衡造成的"悬崖效应"，又要考虑到政策的平稳过
渡，通过采取"十四五"时期继续对脱贫地区给予一定倾斜支
持等关键举措，确保脱贫攻坚成果稳定，保障脱贫地区发展不
掉队。

"因地制宜、分类指导"阐释了推进乡村振兴阶段农村交

通发展的实践要领。一方面，要顺应事权改革的方向，给予地方更大的自主权和决策空间，充分发挥地方优势，适应不同地区个性发展需求。另一方面，要基于不同地区的发展基础和需求特征，制定科学、合理的目标任务和政策措施，提高针对性和施策效率、避免资源浪费。

"改革创新、统筹协调"强调了农村交通的高质量发展路径。一方面，通过政策创新、机制变革、规制完善等为农村交通发展创造良好空间，推进各种运输方式及"建管养运"全过程的协调发展，向改革要动力。另一方面，实现从追求规模速度向追求质量效率的转变，向创新要活力。

二、推进四个统筹，落实"两升一完善"目标

《实施意见》确定了"到 2025 年，农村地区交通基础设施能力、交通运输服务品质进一步提升，高质量发展体系进一步完善"的发展目标（简称"两升一完善"），这是在"两通兜底线"目标如期实现基础上提出的更高要求，体现了交通运输发展从满足基本出行需求向满足高标准、高效率、多样化需求的转变。

针对基础设施能力提升，《实施意见》提出了提档升级、功能拓展、安防加强、覆盖延伸、环境改善等任务，通过服务对外联通、产业发展与人居环境，支撑"产业兴旺""生态宜居"。针对运输服务品质提升，《实施意见》强调了提高城乡客运均等化水平和物流综合服务水平的相关任务，以增强人民群

众获得感、幸福感、安全感为核心目的，助推"生活富裕"。针对高质量发展体系完善，《实施意见》从管养体制机制改革、绿色发展、科技创新、组织文化建设等角度切入，通过完善治理体系、构建群众参与体系，促进"治理有效"和"乡风文明"。

为切实推进巩固拓展交通运输脱贫攻坚成果同乡村振兴有效衔接，更好发挥交通运输先行引领作用，在相关任务的实施过程中，要积极做到四个统筹。

一是统筹推进农村公路"点线"建设与"面网"建设。振兴乡村产业是巩固拓展脱贫攻坚成果、全面推进乡村振兴的根本之策。培育发展特色种养、现代农业、农副产品加工、乡村旅游、农村电商等乡村优势特色产业，促进农村一二三产业融合发展，是推进乡村产业振兴的重要途径。2003 年以来我国农村公路建设主要围绕连通至乡镇政府或村委会、学校、敬老院、村卫生室等，实施以"点线"建设为主的乡村通达通畅工程，着力解决群众生产生活的基本交通出行与货物运输问题。进入全面推进乡村振兴新阶段，一方面顺应乡村优势特色产业培育发展，需要着力推动干支衔接作用大、资源开发与产业服务功能强、地方经济带动作用明显、以乡镇和产业经济节点为连通对象的"点线"农村公路建设及提档升级改造，着力提高"点线"农村公路的服务能力和服务水平，推动农村公路与资源、产业融合发展；另一方面，适应乡村地区连片开发及一体化集聚融合发展，需要结合村庄、人口分布和经济、产业布局，以及村庄之间、乡村经济节点之间的便捷交通联系需求，推动乡村地区"面网"公路规划建设，逐步构建有效互联的农村公路网络，有效提高乡村地区的经济交通联系与客货运输效率。

二是统筹推进乡村对外公路建设与向进村入户倾斜。加强农村人居环境整治，改善农村地区生产生活条件，建设生态宜居美丽乡村，是巩固拓展脱贫攻坚成果、全面推进乡村振兴的重要内容。进入全面推进乡村振兴新阶段，一方面，需要应对农村机动化水平不断提高、通村公路过窄，导致每逢节假日或乡村旅游旺季堵车问题凸显的实际问题，着力推动村庄对外公路拓宽改造或错车道建设，逐步推动具备条件的大型村庄通双车道公路改造；另一方面，需要围绕全面改善农村人居环境和生态宜居美丽乡村建设，坚持以人民为中心，推动农村公路网络由建制村向较大人口规模自然村延伸，并加强通村公路与村内道路连接，统筹规划和实施农村公路的穿村路段，灵活选用技术标准，兼顾村内主干道功能，有效落实"交通建设项目更多向进村入户倾斜"的要求，进一步提升农民群众出行的便利化程度，让广大农民群众平等共享舒适、整洁的出行服务，让群众有更多、更直接的交通获得感，更好满足农民群众日益增长的美好生活向往。

三是统筹推进农村公路建设与管理养护协调发展。经过十余年的大规模建设与发展，2020年全国农村公路里程已经达到438万公里，占公路总里程的84.3%。加强农村公路管理和养护，保持农村公路应有的服务能力和水平，是巩固拓展脱贫攻坚成果、服务支撑乡村全面振兴的重要保障。进入全面推进乡村振兴新阶段，在继续推进农村公路建设的同时，各地需要按照2019年9月国务院办公厅印发的《关于深化农村公路管理养护体制改革的意见》，以及《交通运输部、财政部贯彻落实〈国务院办公厅关于深化农村公路管理养护体制改革的意见〉的通知》要求，因地制宜研究制定深化农村公路管理养护体制改革实施方案，落实改革重点任务，加快开展改革试点创建工作，建立健全改革保障机制，着力构建农村公路管理养护长效机制，切实管好护好农村公路。进一步明确省级相关部门和市、县级政府农村公路管理养护责权清单，切实落实县级政府主体责任，发挥好乡、村主力作用，充分调动农民群众的积极性和主动性，强化农村公路管养资金保障，创新农村公路管养运行机制，健全农村公路管理养护体系。联合财政部印发《公路资产管理暂行办法》，明确财政部门、交通运输主管部门和管理维护单位职责，加强和规范公路资产管理，确保公路资产安全完整，促进公路资产管理与预算有效衔接。

四是统筹推进农村客货邮融合发展。持续巩固拓展具备条件的乡镇、建制村通客车脱贫攻坚成果，确保农民群众"行有所乘"。面对农村客运成本高、运营难，农村物流发展起步慢、基础弱的现实问题，以宣传推广农村物流服务品牌为抓手，推进农村客运、货运、邮政快递融合发展，统筹解决农民群众幸福出行、物流配送、邮政寄递三个"最后一公里"问题，是保障农村客运可持续发展的重要抓手，是全面推进乡村振兴新阶段提升农村运输服务品质的重要着力点。一方面，充分挖掘城乡客运班线货舱运力资源，鼓励班车带邮件，通过叠加邮政业务实现资源共享与农村客运增收。另一方面，积极打造多站合一、资源共享的基础设施体系。县级层面，充分利用现有公路客运站、货运站场，拓展物流公共服务功能；乡级层面，对既有乡镇客运站、公路养护站等站场设施进行改造升级，协调发展农村客运小件快运、邮政快递、电商快递、冷链物流等农村物流形式，利用供销社、电商服务网点等设施资源，实现农村物流、邮政快递与供销、电商等上下游产业一体化发展；村级层面，以村邮站、小卖店、超市为载体，开展生活消费品、农资以及快件接取送达服务，并在此基础上，进一步拓展农村淘宝、农资仓储、通讯服务、金融服务、农村劳动力信息平台等功能，打造更有温度、更有质感的农村运输服务。此外，加强便民交通码头等农村水路客运基础设施建设，持续推动重要航道碍航设施复航工作。

三、做好五类衔接，确保过渡平稳顺畅

脱贫攻坚和乡村振兴是党中央在不同时期围绕"三农"问题提出的重大决策，在内容上有高度的一致性。不同之处在于，脱贫攻坚具有特殊性、局部性和紧迫性的特点，主要是在短期内采用超常规政策、超强力度资金投入进行的集中攻坚；乡村振兴具

有综合性、整体性和渐进性的特点，要采取更加常态化的政策，久久为功。"十四五"是巩固拓展脱贫攻坚成果同乡村振兴有效衔接的过渡期，《实施意见》从工作体系、规划实施、政策举措、协作帮扶、考核机制等五方面对如何实现过渡期的有效衔接作出了回答。

工作体系方面，要做好领导体制与机构职能的调整优化，确保工作力量的稳定和决策协调机制的统一高效，这是推进有效衔接的基础。规划实施方面，要将有利于巩固拓展脱贫攻坚成果、推进乡村全面振兴的项目、举措纳入"十四五"规划或交通强国建设试点，这是推进有效衔接的抓手。投资政策方面，强调"一盘棋"谋划以及对特殊困难地区倾斜支持，并提出通过制修订有关资金补助政策、探索创新投融资政策，实现公平与效率的统筹兼顾，这是推进有效衔接的关键。协作帮扶方面，明确了对口支援、定点帮扶等工作的延续，继续做好党建、资金、人才、产业等方面的全面帮助，这是推进有效衔接的保障。考核监管方面，强调对于重点地区交通指标的跟踪评估，加强统计监测、经验总结、监督管理，及时调整后续工作思路与方向，这是推进有效衔接的手段。

四、提出工作要求，保障《实施意见》有效实施

最后，《实施意见》从加强组织领导、强化要素保障、注重考核评价、加强宣传引导等多个角度提出了保障意见有效实施的具体工作要求，确保贯彻落实好党中央关于五年过渡期政策要

求，实现巩固拓展脱贫攻坚成果与乡村振兴的有效衔接。

组织领导方面。要充分发挥党总揽全局、协调各方的领导核心作用，要把党的领导落实到交通运输服务乡村振兴战略工作的各方面和全过程。强调强化理论学习的重要性，提出要深入学习领会习近平总书记关于乡村振兴和"四好农村路"建设重要论述和指示批示精神，认真贯彻落实党中央、国务院决策部署，提高政治站位，做到工作不留空档，政策不留空白。

要素保障方面。强调要弘扬新时代交通精神，注重先进人物培树力度，并强化干部培养、使用与激励机制建设，形成有效引导。在资金保障上，提出要积极争取地方财政资金、一般债券加大对农村交通发展的投入力度。同时提出要加强与相关规划、土地政策等衔接，推动优化农村公路用地、环评手续等意见建议。

注重考核评价。要推动落实地方人民政府在农村交通发展中的主体责任，将巩固拓展交通运输脱贫攻坚成果、全面推进乡村振兴工作成效纳入地方人民政府及相关部门的绩效考核体系，并加强政府监督、社会监督、群众监督。

宣传引导方面。提出要加强宣传引导，以交通强国建设试点以及"四好农村路"示范创建、城乡交通运输一体化示范县创建、农村物流服务品牌宣传推广工作等为载体，推广成功经验。通过"最美农村路"评选，擦亮"我家门口那条路"等品牌，推动工作成果更好地转化为社会认可度和群众满意度。

关于印发巩固拓展健康扶贫成果
同乡村振兴有效衔接实施意见的通知

河北省、山西省、内蒙古自治区、辽宁省、吉林省、黑龙江省、安徽省、福建省、江西省、山东省、河南省、湖北省、湖南省、广西壮族自治区、海南省、重庆市、四川省、贵州省、云南省、西藏自治区、陕西省、甘肃省、青海省、宁夏回族自治区、新疆维吾尔自治区卫生健康委、发展改革委、工业和信息化厅（局）、通信管理局、民政厅（局）、财政厅（局）、人力资源社会保障厅（局）、生态环境厅（局）、住房和城乡建设厅（局）、农业农村厅（局）、医保局、中医药局、扶贫办（乡村振兴局），各军种后勤部，战略支援部队参谋部，联勤保障部队卫勤局，武警部队后勤部：

为贯彻落实党中央、国务院关于巩固拓展脱贫攻坚成果同乡村振兴有效衔接的决策部署，巩固基本医疗有保障成果，推进健康乡村建设，防止因病致贫返贫，国家卫生健康委、国家发展改革委、工业和信息化部、民政部、财政部、人力资源社会保障部、生态环境部、住房和城乡建设部、农业农村部、国家医保局、国家中医药管理局、国家乡村振兴局和中央军委后勤保障部联合制定《关于巩固拓展健康扶贫成果同乡村振兴有效衔接的实施意见》。现印发给你们，请结合实际认真贯彻落实。

附件："十四五"期末巩固拓展健康扶贫成果主要指标

国家卫生健康委　国家发展改革委

工业和信息化部　民政部　财政部　人力资源社会保障部

生态环境部　住房和城乡建设部　农业农村部

国家医保局　国家中医药管理局

国家乡村振兴局　中央军委后勤保障部

2021 年 2 月 1 日

关于巩固拓展健康扶贫成果
同乡村振兴有效衔接的实施意见

巩固拓展健康扶贫成果同乡村振兴有效衔接，是建立巩固脱贫攻坚成果长效机制的重要举措，是支持脱贫地区接续推进乡村振兴的重点工作，是全面推进健康中国建设的根本要求，对于巩固基本医疗有保障成果，推进健康乡村建设，防止因病致贫返贫具有重要意义。为贯彻落实党中央、国务院关于实现巩固拓展脱贫攻坚成果同乡村振兴有效衔接的决策部署，现提出以下意见。

一、总体要求

（一）**主要思路。**以习近平新时代中国特色社会主义思想为指导，全面贯彻党的十九大和十九届二中、三中、四中、五中全会精神，坚定不移贯彻新发展理念，坚持以人民为中心的发展思想，坚持新时代卫生健康工作方针，在 5 年过渡期内，保持健康扶贫主要政策总体稳定，调整优化支持政策，进一步补齐脱贫地区卫生健康服务体系短板弱项，深化县域综合医改，深入推进健康乡村建设，聚焦重点地区、重点人群、重点疾病，完善国民健康促进政策，巩固拓展健康扶贫成果，进一步提升乡村卫生健康服务能力和群众健康水平，为脱贫地区接续推进乡村振兴提供更加坚实的健康保障。

（二）**主要目标。**到 2025 年，农村低收入人口基本医疗卫生保障水平明显提升，全生命周期健康服务逐步完善；脱贫地区县乡村三级医疗卫生服务体系进一步完善，设施条件进一步改善，服务能力和可及性进一步提升；重大疾病危害得到控制和消除，卫生环境进一步改善，居民健康素养明显提升；城乡、区域间卫生资源配置逐步均衡，居民健康水平差距进一步缩小；基本医疗有保障成果持续巩固，乡村医疗卫生机构和人员"空白点"持续实现动态清零，健康乡村建设取得明显成效。

二、保持政策总体稳定，巩固基本医疗有保障成果

（三）优化疾病分类救治措施。已纳入大病专项救治范围的30个病种，定点医院原则上保持不变。按照"定定点医院、定诊疗方案、加强质量安全管理"的原则，将大病专项救治模式推广作为脱贫地区县域医疗机构针对所有30种大病患者住院治疗的规范化措施。结合当地诊疗能力，可进一步扩大救治病种范围，并逐步推广到省、市级医疗机构。持续做好脱贫人口家庭医生签约服务，结合脱贫地区实际，逐步扩大签约服务重点人群范围，提供公共卫生、慢病管理、健康咨询和中医干预等综合服务，重点做好高血压、糖尿病、结核病、严重精神障碍等四种主要慢病患者的规范管理和健康服务。

（四）完善住院先诊疗后付费政策。在有效防范制度风险的前提下，有条件的地方可将县域内住院先诊疗后付费政策对象调整为农村低保对象、特困人员和易返贫致贫人口，患者入院时不需缴纳住院押金，只需在出院时支付医保报销后的自负医疗费用。加强医保经办机构与定点医疗机构信息互联互通，推进医疗保障"一站式"结算。

（五）健全因病返贫致贫动态监测和精准帮扶机制。加强与民政、医保、扶贫（乡村振兴）等部门数据比对和共享，发挥基层医疗卫生机构服务群众的优势，对脱贫人口和边缘易致贫人口

大病、重病救治情况进行监测，建立健全因病返贫致贫风险人群监测预警和精准帮扶机制，主动发现、及时跟进，做好救治、康复等健康服务，配合落实各项医疗保障政策和社会救助、慈善帮扶等措施。

（六）**建立农村低收入人口常态化健康帮扶机制。**加强农村低收入人口健康帮扶措施，大病专项救治、家庭医生签约服务措施对农村低收入人口重点落实，加强农村严重精神障碍患者服务管理和救治保障，做好失能半失能老年人医疗照护、0—3岁婴幼儿托育指导和妇女儿童保健服务，落实儿童青少年近视、肥胖、脊柱侧弯等健康预防政策。加强因病致贫返贫风险人群常态化健康帮扶落实情况监测。

（七）**优化乡村医疗卫生服务覆盖。**按照《关于印发解决贫困人口基本医疗有保障突出问题工作方案的通知》（国卫扶贫发〔2019〕45号）中明确的医疗卫生机构"三个一"、医疗卫生人员"三合格"、医疗服务能力"三条线"、医疗保障制度全覆盖等十条指导工作标准要求，持续巩固拓展基本医疗有保障成果。动态监测乡村医疗卫生机构和人员变化情况，及时发现问题隐患，采取针对性措施解决，实行乡村医疗卫生机构和人员"空白点"动态清零。结合经济社会发展、乡村规划调整和移民搬迁情况，根据基本医疗有保障工作标准，优化乡镇、行政村和易地扶贫搬迁集中安置区卫生院、卫生室设置，进一步改善设施条件，加强合格医务人员配备。支持地方采取巡诊、派驻等灵活多样方式，确保农村医疗卫生服务全覆盖。加强巡诊、派驻到乡镇卫生院和村卫生室工作的医务人员管理，明确工作职责和服务要求。

三、加强和优化政策供给，提升脱贫地区卫生健康服务水平

（八）深化县域综合医改推进措施。按照"县强、乡活、村稳、上下联、信息通"的要求，支持脱贫地区推进紧密型县域医共体建设，统筹整合优化资源配置，完善县域医疗卫生服务体系，提升县域医疗卫生服务能力。完善县乡一体化管理机制，依托现有资源建立开放共享的县域影像、心电、病理诊断和医学检验等中心，实现基层检查、上级诊断和区域内互认。推进医保支付方式改革，探索对紧密型医疗联合体实行总额付费，加强监督考核，结余留用，合理超支分担。有条件的地区可按协议约定向医疗机构预付部分医保资金，缓解其资金运行压力。推进乡村一体化管理，落实"两个允许"要求，进一步激发运行活力，调动基层医疗卫生服务提供积极性。落实家庭医生签约服务费政策，督促地方明确签约服务费收费和分配标准，提升签约履约积极性和主动性。落实签约居民在就医、转诊、用药等方面的差异化政策，逐步形成家庭医生首诊、转诊和下转接诊的模式。

（九）进一步完善医疗卫生服务体系。加大对脱贫地区、易地扶贫搬迁集中安置区等医疗卫生服务体系建设的政策、项目支持力度，鼓励地方政府加大对脱贫地区、易地扶贫搬迁集中安置

区等基层医疗卫生机构建设的支持力度，持续推进乡村医疗卫生机构标准化建设，加强资金统筹整合和筹集，全面提升脱贫地区和易地扶贫搬迁集中安置区等医疗卫生机构基础设施条件和设备配置水平。加强临床重点专科建设，推动优质医疗卫生资源扩容下沉，提高脱贫地区卫生资源配置水平。加强脱贫地区乡镇卫生院中医馆建设，配备中医医师，加强脱贫地区村卫生室中医药设备配置和乡村医生中医药知识与技能培训，大力推广中医药适宜技术。加强脱贫地区危重孕产妇救治中心和危重新生儿救治中心、产前筛查和产前诊断服务网络建设，加强重点设备配备和骨干人才培养。

（十）补齐公共卫生服务体系短板。进一步加强对脱贫地区疾病预防控制体系、县级医院救治能力等方面的建设支持力度。加强疾病预防控制机构建设，改善疾控机构基础设施条件，鼓励有条件的地市整合市县两级检验检测资源，配置移动生物安全二级实验室，统筹满足区域内快速检测需要。加强疾控人才队伍建设，强化实验室设备配置和信息化建设，提升监测预警能力、现场流行病学调查能力和实验室检验检测能力。改善基层医疗卫生机构应急救治和应对条件，加强基层医疗卫生机构疾病预防控制能力建设。加强县级妇幼保健机构建设，进一步完善基础设施条件，持续加强儿童保健人员和新生儿科医师培训，加强基层医疗卫生机构儿童保健医师配备。鼓励综合医院开设精神心理科，加强基层医疗卫生机构精神卫生和心理健康服务人员配备，搭建基层服务网络。加强卫生监督执法体系建设，推进监督机构规范化建设，加强人才培养，支持监督机构基础设施建设及执法装备配备，推进监督信息化工作。

（十一）加强基层医疗卫生人才队伍建设。对脱贫地区基层医疗卫生机构，在编制、职称评定等方面给予政策支持。因地制宜加大本土人才培养力度，逐步扩大订单定向免费医学生培养规模，中央财政继续支持为中西部乡镇卫生院培养本科定向医学生，各地要结合实际为村卫生室和边远地区乡镇卫生院培养一批高职定向医学生，落实就业安置和履约管理责任，强化属地管理，建立联合违约惩戒机制。积极支持引导在岗执业（助理）医师参加转岗培训，注册从事全科医疗工作。继续实施全科医生特岗计划。落实基层卫生健康人才招聘政策，乡镇卫生院公开招聘大学本科及以上毕业生、县级医疗卫生机构招聘中级职称或者硕士以上人员和全科医学、妇产科、儿保科、儿科、精神心理科、出生缺陷防治等急需紧缺专业人才，可采取面试（技术操作）、直接考察等方式公开招聘；对公开招聘报名后形不成竞争的，可适当降低开考比例，或不设开考比例划定合格分数线。鼓励脱贫地区全面推广"县管乡用""乡管村用"。继续推进基层卫生职称改革，对长期在艰苦边远地区和基层一线工作的卫生专业技术人员、业绩突出、表现优秀的，可放宽学历等要求，同等条件下优先评聘。执业医师晋升为副高级技术职称，应当有累计一年以上在县级以下或者对口支援的医疗卫生机构提供医疗卫生服务经历。各类培训项目优先满足脱贫地区需求，培训计划单列下达，培训对象同等条件下予以优先招收。加强乡村医生队伍建设，逐步建立乡村医生退出机制。各地要支持和引导符合条件的乡村医生按规定参加职工基本养老保险。不属于职工基本养老保险覆盖范围的乡村医生，可在户籍地参加城乡居民基本养老保险。对于年满60周岁的乡村医生，各地要结合实际，采取补助等多种形式，进一步提高乡村医生养老待遇。

（十二）持续开展三级医院对口帮扶。根据新一轮东西部协作结对关系安排，适当调整对口帮扶关系，保持对口帮扶工作管理要求不变。各级卫生健康行政部门指导三级医院和脱贫地区县级医院续签对口帮扶协议，制定"十四五"期间医院学科建设规划。三级医院继续采取"组团式"帮扶方式，以驻点帮扶为主，向县级医院派驻管理人员和学科带头人不少于5人（中医院不少于3人），每批连续工作时间不少于6个月，远程帮扶为辅，注重提升远程医疗服务利用效率。在前期帮扶成效基础上，持续提升医院管理水平和医疗服务能力，针对性提升重大公共卫生事件应对能力，提高县级医院平战转换能力。

（十三）支持推动"互联网＋医疗健康"发展。帮扶医院和上级医院加大脱贫地区县级医院远程医疗服务支持力度，推动更多优质医疗资源向脱贫地区倾斜。加快推进远程医疗向乡镇卫生院和村卫生室延伸。脱贫地区县域医共体或医联体要积极运用互联网技术，加快实现医疗资源上下贯通、信息互通共享、业务高效协同，积极开展预约诊疗、双向转诊、远程医疗等服务。推进"互联网＋"公共卫生服务、"互联网＋"家庭医生签约服务、"互联网＋"医学教育和科普服务，利用信息化技术手段，提升农村卫生健康服务效率。

四、加快推进健康中国行动计划，健全完善脱贫地区健康危险因素控制长效机制

（十四）持续加强重点地区重大疾病综合防控。指导脱贫地区加强传染病监测报告和分析研判，落实针对性的防控措施。持续改善地方病流行区生产生活环境，对高危地区重点人群采取预防和应急干预措施，对现症病人开展救治和定期随访工作。持续推进包虫病综合防治，采取"以控制传染源为主、中间宿主防控与病人查治相结合"的策略，实行分类防控，提升西藏和四省涉藏州县防治能力，巩固防治成果。支持实施凉山州艾滋病防治攻坚第二阶段行动，有效遏制艾滋病等重大传染病的流行。巩固新疆结核病防治工作成效，完善"集中服药＋营养早餐"等全流程规范化管理政策，持续降低结核病疫情。深入实施尘肺病等职业病综合防控，推进尘肺病等职业病主动监测与筛查，加强尘肺病康复站建设管理，提升基层医疗卫生机构职业病治疗康复能力。加强癌症、心血管疾病等早期筛查和早诊早治，强化高血压、糖尿病等常见慢性病健康管理。

（十五）实施重点人群健康改善行动。深入实施农村妇女宫

颈癌、乳腺癌和免费孕前优生健康检查项目。将落实生育政策与巩固脱贫成果紧密结合起来，优化生育政策，增强生育政策包容性，加强新型婚育观念宣传倡导，提高服务管理水平。在脱贫地区继续实施儿童营养改善项目和新生儿疾病筛查项目，扎实做好孕产妇健康管理和0～6岁儿童健康管理，强化出生缺陷防治。加强农村普惠性婴幼儿照护服务，在农村综合服务设施建设中，统筹考虑婴幼儿照护服务设施建设，加大对农村家庭的科学育儿指导力度。鼓励社会组织、企事业单位、计生协会等社会力量积极探索农村婴幼儿照护和老年人健康服务发展项目。深入推进医养结合，完善上门医疗卫生服务政策，维护老年人健康。

（十六）全面推进健康促进行动。针对影响健康的行为与生活方式、环境等因素，在脱贫地区全面实施健康知识普及、合理膳食、全民健身、控烟、心理、环境等健康促进行动。持续开展脱贫地区健康促进行动，推动健康教育进乡村、进家庭、进学校，以"健康知识进万家"为主题，为群众提供更加精准规范的健康教育服务。开展心理健康促进行动，提升农村居民心理健康素养，开展对抑郁、焦虑等常见精神障碍的早期筛查，及时干预，提高治疗率。

（十七）深入开展爱国卫生运动。发挥爱国卫生运动的统筹协调作用，持续推进脱贫地区农村人居环境整治。聚焦重点场所、薄弱环节，加大农村垃圾、污水、厕所等环境卫生基础设施建设力度，持续开展村庄清洁行动，建立长效管理维护机制。发挥爱国卫生运动文化优势与群众动员优势，大力开展健康科普工作，增强农村群众文明卫生意识，革除陋习，养成良好卫生习惯和文明健康、绿色环保的生活方式，提高农村群众生态环境与健康素养水平，引导农村群众主动参与到改善生态环境中来，营造共建共享的良好氛围。

五、组织实施

（十八）**加强组织领导。**落实中央统筹、省负总责、市县乡抓落实的工作机制，各地要将巩固拓展健康扶贫成果同乡村振兴有效衔接纳入实现巩固拓展脱贫攻坚成果同乡村振兴有效衔接决策议事协调工作机制统一部署推进，加强部门协同，结合实际制订实施方案，明确时间表、路线图，统筹做好政策衔接、机制平稳转型、任务落实、考核督促等工作，层层落实责任，确保政策平稳过渡、落实到位。

（十九）**加强部门协作。**落实部门职责，强化政策和工作协同。卫生健康部门负责统筹推进巩固拓展健康扶贫成果同乡村振兴有效衔接，督促工作落实。发展改革部门负责将有关建设任务纳入"十四五"巩固拓展脱贫攻坚成果同乡村振兴有效衔接规划，支持脱贫地区医疗卫生相关基础设施建设。财政部门负责通过现行渠道做好资金保障。民政部门负责农村低保对象、特困人员等农村低收入人口认定，做好农村低保、特困人员救助供养、临时救助等工作。医保部门负责落实好各项医疗保障政策。扶贫

（乡村振兴）部门负责脱贫人口、易返贫致贫人口认定，做好数据共享和对接。人力资源社会保障部门负责职称评定、薪酬待遇、乡村医生参加养老保险等政策落实。农业农村、住房城乡建设、生态环境等部门负责爱国卫生运动相关工作。通信管理部门负责协调推进远程医疗网络能力建设。中央军委后勤保障部负责持续推进军队系统三级医院对口帮扶工作。中医药管理部门负责中医药系统三级医院对口帮扶工作和中医药服务体系、服务能力建设。

（二十）加强倾斜支持。 现有支持脱贫地区的各类投入政策、资金和项目在过渡期内保持总体稳定，并向西部地区乡村振兴重点帮扶县倾斜。省市两级财政安排的卫生健康项目资金要进一步向脱贫地区和乡村振兴重点帮扶县倾斜。东西部协作、对口支援和社会力量等帮扶措施进一步向卫生健康领域倾斜。

（二十一）加强宣传引导。 坚持正确舆论导向，加强巩固拓展健康扶贫成果同乡村振兴有效衔接的政策解读，强化政策培训，开展系列宣传活动，提高卫生健康行业和基层干部群众政策知晓度，引导社会预期。广泛宣传巩固拓展健康扶贫成果取得的工作进展和成效，广泛宣传广大医务工作者深入农村、深入基层为群众解除病痛的生动事迹，营造良好舆论氛围。

附件："十四五"期末巩固拓展健康扶贫成果主要指标

"十四五"期末巩固拓展健康扶贫成果主要指标

指 标	属 性
1. 乡村两级医疗卫生机构和人员"空白点"动态清零	约束性
2. 常住人口超过 10 万人的脱贫县要有 1 所县级医院达到二级医院医疗服务能力	约束性
3. 脱贫地区乡镇卫生院和行政村卫生室完成标准化建设，脱贫地区乡镇卫生院中医馆设置实现全覆盖	约束性
4. 签约家庭医生的农村低收入人口高血压、糖尿病、结核病和严重精神障碍的规范管理率达到 90％	预期性
5. 大病专项救治病种≥30 种	约束性
6. 以省为单位，脱贫地区居民健康素养水平"十四五"期间总上升幅度达到 5 个百分点	约束性

《关于巩固拓展健康扶贫成果同乡村振兴有效衔接的实施意见》政策解读

国家卫生健康委乡村振兴办

习近平总书记强调指出，脱贫摘帽不是终点，而是新生活、新奋斗的起点。要求各地切实做好巩固拓展脱贫攻坚成果同乡村振兴有效衔接各项工作，让脱贫基础更加稳固、成效更可持续。健康扶贫实现了农村贫困人口基本医疗有保障，但城乡医疗卫生事业发展不平衡不充分的问题仍然突出，稳定住、巩固好脱贫地区基本医疗有保障成果、进一步提升乡村医疗卫生服务能力仍然是一项艰巨的任务，需要在健康扶贫的基础上，继续补短板、强弱项，为乡村振兴提供更加坚实的健康保障。

为贯彻落实党中央、国务院关于巩固拓展脱贫攻坚成果同乡村振兴有效衔接的决策部署，国家卫生健康委会同国家乡村振兴局等13个部门联合印发了《关于巩固拓展健康扶贫成果同乡村振兴有效衔接的实施意见》（以下简称《实施意见》），明确了巩固基本医疗有保障成果、推进同乡村振兴有效衔接的主要思路、目标和措施，并对组织实施提出了要求。

一、巩固拓展健康扶贫成果同乡村振兴有效衔接的总体要求

实现巩固拓展健康扶贫成果同乡村振兴有效衔接的主要思路是：以习近平新时代中国特色社会主义思想为指导，全面贯彻党的十九大和十九届历次全会精神，坚定不移贯彻新发展理念，坚持以人民为中心的发展思想，坚持新时代卫生健康工作方针，在5年过渡期内，保持健康扶贫主要政策总体稳定，调整优化支持政策，进一步补齐脱贫地区卫生健康服务体系短板弱项，深化县域综合医改，深入推进健康乡村建设，聚焦重点地区、重点人群、重点疾病，完善国民健康促进政策，巩固拓展健康扶贫成果，进一步提升乡村卫生健康服务能力和群众健康水平，为脱贫地区接续推进乡村振兴提供更加坚实的健康保障。

主要目标是：到2025年，农村低收入人口基本医疗卫生保障水平明显提升，全生命周期健康服务逐步完善；脱贫地区县乡村三级医疗卫生服务体系进一步完善，设施条件进一步改善，服务能力和可及性进一步提升；重大疾病危害得到控制和消除，卫生环境进一步改善，居民健康素养明显提升；城乡、区域间卫生资源配置逐步均衡，乡村医疗卫生机构和人员"空白点"持续实现动态清零，基本医疗有保障成果持续巩固，居民健康水平差距

进一步缩小。

二、巩固拓展健康扶贫成果同乡村振兴有效衔接的重点任务

"十四五"期间，面向脱贫地区，巩固拓展健康扶贫成果同乡村振兴有效衔接重点推进 3 个方面的工作：

（一）在巩固基本医疗有保障成果方面，保持政策总体稳定，调整优化支持政策

健康扶贫对罹患疾病的贫困人口实行分类救治，全面实现了对贫困人口的应治尽治、应签尽签、应保尽保，贫困患者健康状况明显改善、费用负担明显减轻，显著改善了贫困群众健康状况，"曾经被病魔困扰的家庭挺起了生活的脊梁"，并初步建立起防止因病致贫返贫的"及时发现、精准救治、有效保障、跟踪预警"工作机制。巩固拓展健康扶贫成果同乡村振兴有效衔接，要总结推广健康扶贫经验做法，调整完善政策措施，做到该延续的延续、该优化的优化、该调整的调整、该强化的强化，建立完善因病致贫返贫动态监测和精准帮扶机制，及时发现、提前预警，落实精准救治和帮扶举措，推动关口前移，有效防止因病致贫返贫。

一是优化疾病分类救治措施。 针对大病专项救治工作，已经纳入救治范围的 30 个病种，定点医院原则上保持不变。各地要按照"定定点医院、定诊疗方案、加强质量安全管理"的原则，

将大病专项救治模式推广作为脱贫地区县域医疗机构针对所有30种大病患者住院治疗的规范化措施。各地可以根据诊疗能力，进一步扩大救治病种范围，并逐步推广到省、市级医疗机构。相应的，完善住院先诊疗后付费政策，在有效防范医保基金和医院运营等制度风险的前提下，有条件的地方可将政策对象调整为农村低保对象、特困人员和易返贫致贫人口。针对慢病签约服务工作，持续做好脱贫人口签约服务，并结合实际逐步扩大签约服务重点人群范围，重点做好高血压、糖尿病、结核病、严重精神障碍等四种主要慢病患者的规范管理和健康服务。

二是健全因病返贫致贫动态监测和精准帮扶机制。各地卫生健康行政部门要按照当地党委政府关于健全防止返贫动态监测和帮扶机制的总体部署要求，对乡村振兴部门确定的监测对象的患病和救治情况进行动态监测，及时落实分类救治政策，配合落实各项医疗保障政策和社会救助、慈善帮扶等措施，建立健全因病返贫致贫风险人群监测预警和精准帮扶机制。同时，针对农村低收入人口，建立常态化的健康帮扶机制，重点落实大病专项救治、家庭医生签约服务措施，加强农村严重精神障碍患者服务管理和救治保障，做好失能半失能老年人医疗照护、0～3岁婴幼儿托育指导和妇女儿童保健服务，落实儿童青少年近视、肥胖、脊柱侧弯等健康预防政策。

三是优化乡村医疗卫生服务覆盖。脱贫攻坚期内，我们明确了基本医疗有保障的指导标准，实现了贫困人口有地方看病、有医生看病。过渡期内，各地要结合当地的基本医疗有保障标准，动态监测乡村医疗卫生机构和人员变化情况，及时发现问题隐患，采取针对性措施解决，实行乡村医疗卫生机构和人员"空白点"动态清零，持续巩固拓展基本医疗有保障成果。这是过渡期内的底线任务。各地要结合经济社会发展、乡村规划调整和移民搬迁情况，优化乡镇、行政村和易地扶贫搬迁集中安置区卫生院、卫生室设置，进一步改善设施条件。加强合格医务人员配备。各地可以采取巡诊、派驻等多种方式，确保农村群众有地方看病、有医生看病。

（二）在提升脱贫地区卫生健康服务水平方面，加强和优化政策供给

健康扶贫改善提升了脱贫地区医疗卫生服务条件和能力，但城乡医疗卫生事业发展不平衡不充分的问题仍然突出，县域医疗卫生服务能力仍然不足。巩固拓展健康扶贫成果同乡村振兴战略有效衔接，要持续加大对脱贫地区卫生健康工作的倾斜支持力度，结合深化医改，统筹项目、资金、政策等，进一步改善农村县乡村三级医疗卫生服务机构设施条件，有效破解农村医疗卫生人才紧缺问题，补齐公共卫生服务短板，提升乡村医疗卫生服务能力，提高群众就医满意度和健康获得感。

一是深化县域综合医改推进措施。各地要按照"县强、乡活、村稳、上下联、信息通"的要求，支持脱贫地区推进紧密型县域医共体建设，统筹整合优化资源配置，提升县域医疗卫生服务能力。结合实际，推进落实"两个允许"要求，进一步调动基层医疗卫生服务提供积极性。明确签约服务费收费和分配标准，落实家庭医生签约服务费政策，提升签约履约积极性和主动性。

二是进一步完善医疗卫生服务体系。各地政府要落实投入责任，加强资金统筹整合和筹集，加大对脱贫地区、易地扶贫搬迁集中安置区等基层医疗卫生机构建设的支持力度，持续推进乡村医疗卫生机构标准化建设，全面提升基础设施条件和设备配置水平。补齐公共卫生服务体系短板，加强疾病预防控制机构建设和人才队伍建设，特别是改善基层医疗卫生机构应急救治和应对条件，加强基层医疗卫生机构疾病预防控制能力建设。

三是加强基层医疗卫生人才队伍建设。逐步扩大订单定向免费医学生培养规模，中央财政继续支持为中西部乡镇卫生院培养本科定向医学生。各地要结合实际为村卫生室和边远地区乡镇卫生院培养一批高职定向医学生，落实就业安置和履约管理责任，强化属地管理，建立联合违约惩戒机制。继续实施全科医生特岗计划。落实基层卫生健康人才招聘政策，鼓励脱贫地区全面推广"县管乡用""乡聘村用"，继续推进基层卫生职称改革。各地要结合实际，创新方式方法，进一步加强乡村医生队伍建设，稳定基层网底。结合实际，采取补助等多种形式，进一步提高乡村医生养老待遇，支持和引导符合条件的乡村医生按规定参加职工基本养老保险。

四是持续开展三级医院对口帮扶。三级医院对口帮扶取得了突出的成效，帮扶模式也逐步完善，过渡期内要持续推进，保持对口帮扶工作管理要求不变，根据新一轮东西部协作结对关系安排，适当调整对口帮扶关系，继续采取"组团式"帮扶方式，在前期帮扶成效基础上，持续提升医院管理水平和医疗服务能力，针对性提升重大公共卫生事件应对能力，提高县级医院平战转换能力。各级卫生健康行政部门要指导三级医院和脱贫地区县级医院续签对口帮扶协议，制定"十四五"期间医院学科建设规划。三级医院帮扶医院和上级医院要加大对脱贫地区县级医院远程医疗服务的支持力度，并向乡镇卫生院和村卫生室延伸，利用信息化技术手段，提升农村卫生健康服务效率。

（三）在健全完善脱贫地区健康危险因素长效控制机制方面，加快推进健康中国行动计划

当前，中西部农村地区重点传染病、地方病防治攻坚工作任务仍然艰巨。巩固拓展健康扶贫成果同乡村振兴战略有效衔接，要坚持预防为主，有针对性地推动健康中国行动计划在农村地区落实落地，逐步健全完善健康危险因素长效防控机制。持续加强重点地区重大疾病综合防控，持续推进包虫病综合防治，提升西藏和四省涉藏州县防治能力，巩固防治成果。支持实施凉山州艾滋病等重大传染病防治攻坚第二阶段行动，有效遏制艾滋病等重大传染病的流行。巩固新疆结核病防治工作成效，持续降低结核病疫情。深入实施尘肺病等职业病综合防控。加强癌症、心血管疾病等早期筛查和早诊早治，强化高血压、糖尿病等常见慢性病健康管理。实施重点人群健康改善行动。深入开展爱国卫生运动，持续推进脱贫地区农村人居环境整治。聚焦重点场所、薄弱环节，加大农村垃圾、污水、厕所等环境卫生基础设施建设力度，持续开展村庄清洁行动，建立长效管理维护机制。

三、做好组织实施

一是加强组织实施。《实施意见》明确了卫生健康委作为巩固拓展健康扶贫成果同乡村振兴有效衔接的牵头部门和各有关部门的职责分工。要求各地将巩固拓展健康扶贫成果同乡村振兴有效衔接纳入实现巩固拓展脱贫攻坚成果同乡村振兴有效衔接决策议事协调工作机制统一部署推进。各地卫生健康行政部门要结合实际制订实施方案，明确时间表、路线图，统筹做好政策衔接、机制平稳转型、任务落实、考核督促等工作。

二是加强倾斜支持。《实施意见》要求，现有支持脱贫地区的各类投入政策、资金和项目在过渡期内保持总体稳定，并向西部地区乡村振兴重点帮扶县倾斜。省市两级财政安排的卫生健康项目资金要进一步向脱贫地区和乡村振兴重点帮扶县倾斜。东西部协作、对口支援和社会力量等帮扶措施进一步向卫生健康领域倾斜。

　　三是加强宣传引导。《实施意见》明确提出，开展巩固拓展健康扶贫成果同乡村振兴有效衔接的政策解读和培训，提高卫生健康行业和基层干部群众政策知晓度，引导社会预期。宣传巩固拓展健康扶贫成果工作进展成效，营造良好舆论氛围。

关于深入扎实做好过渡期脱贫人口
小额信贷工作的通知

各银保监局、各省、自治区、直辖市财政厅（局）、中国人民银行上海总部、各分行、营业管理部、各省会（首府）城市中心支行、各省、自治区、直辖市扶贫办（乡村振兴局）、各政策性银行、大型银行、股份制银行：

扶贫小额信贷是金融扶贫的重要创新，是精准扶贫的重要抓手，是脱贫攻坚的品牌工作，在解决建档立卡贫困群众融资难融资贵问题、支持贫困地区产业发展和改善乡村基层治理等方面发挥了积极作用，为如期全面打赢脱贫攻坚战作出了重要贡献。为认真贯彻习近平总书记对扶贫小额信贷工作的重要指示精神，深入落实党中央、国务院关于巩固拓展脱贫攻坚成果同乡村振兴有效衔接的决策部署，扶贫小额信贷政策在过渡期内将继续坚持并进一步优化完善，切实满足脱贫人口小额信贷需求，支持脱贫人口发展生产稳定脱贫。现就做好过渡期脱贫人口小额信贷工作通知如下：

一、脱贫人口小额信贷政策要点

（一）支持对象： 建档立卡脱贫人口，以户为单位发放贷款。边缘易致贫户可按照执行。

（二）贷款金额： 原则上 5 万元（含）以下。

（三）贷款期限： 3 年期（含）以内。

（四）贷款利率： 鼓励银行机构以贷款市场报价利率（LPR）放款，贷款利率可根据贷款户信用评级、还款能力、贷款成本等因素适当浮动，1 年期（含）以下贷款利率不超过 1 年期 LPR，1 年期至 3 年期（含）贷款利率不超过 5 年期以上 LPR。贷款利率在贷款合同期内保持不变。

（五）担保方式： 免担保免抵押。

（六）贴息方式： 财政资金对贷款适当贴息，地方财政部门应根据需要和财力状况，合理确定贴息比例，保持过渡期内政策力度总体稳定。

（七）风险补偿机制： 已设立扶贫小额信贷风险补偿金的县保持现行机制基本稳定，鼓励其他地区通过适当方式分担贷款风险。

（八）贷款用途： 坚持户借、户用、户还，精准用于贷款户发展生产和开展经营，不能用于结婚、建房、理财、购置家庭用品等非生产性支出，也不能以入股分红、转贷、指标交换等方式交由企业或其他组织使用。

（九）**贷款条件**：申请贷款人员必须遵纪守法、诚实守信、无重大不良信用记录，并具有完全民事行为能力；必须通过银行评级授信、有贷款意愿、有必要的劳动生产技能和一定还款能力；必须将贷款资金用于不违反法律法规规定的产业和项目，且有一定市场前景；借款人年龄原则上应在 18 周岁（含）—65 周岁（含）之间。

（十）**实施时间**：文件印发之日至 2025 年 12 月 31 日。

二、切实满足脱贫人口信贷需求

（一）**积极做好信贷投放。**银行机构要根据脱贫人口的产业特点、生产周期、还款能力等实际情况，在符合政策、风险可控的前提下，准确开展评级授信，合理确定贷款额度和期限，优化业务审批流程，努力满足脱贫人口贷款需求。

（二）**加强续贷和展期管理。**脱贫人口小额信贷可续贷或展期 1 次，脱贫攻坚期内发放的扶贫小额信贷在过渡期内到期的，也可续贷或展期 1 次，续贷或展期期间各项政策保持不变，经办银行要合规审慎办理续贷或展期。已还清贷款且符合贷款条件的脱贫人口可多次申请贷款。

（三）**合理追加贷款。**办理脱贫人口小额信贷后，对个别确有需要且具备还款能力的，可予以追加贷款支持，追加贷款后，单户脱贫人口小额信贷不得超过 10 万元，5 万元以上部分贷款不予贴息，也不纳入风险补偿范围。

（四）创新信贷服务方式。鼓励银行机构基于脱贫人口生产经营数据，在保障用户隐私和数据安全的前提下，依法合规通过互联网、大数据等金融科技手段开发授信模型，推动开展供应链金融、批量授信、快速审批等信贷新模式，开展高效便捷金融服务。

三、有效防控信贷风险

（一）完善银行机构信贷管理机制。银行机构要健全完善脱贫人口小额信贷审批流程和内控管理，科学合理制定信贷计划，自主决策发放贷款，不过度强调获贷率，避免向不符合条件、没有还款能力的脱贫人口发放贷款。要认真做好贷前调查、贷中审查、贷后管理，及时准确掌握贷款资金流向。

（二）稳妥处置逾期贷款。监管部门、财政部门、人民银行分支机构、扶贫（乡村振兴）部门等部门要全面监测掌握脱贫人口小额信贷情况，加强分析研判，及时提示风险，合力解决突出问题。银行机构要努力争取地方党委、政府支持，依法合规、积极稳妥做好贷款风险防控、清收处置等工作。

（三）健全风险补偿和分担机制。已建立扶贫小额信贷风险补偿机制的地区要在保持工作机制总体稳定的基础上，动态调整，规范使用，积极做好风险补偿，进一步提高财政资金使用效率。鼓励各地探索采用政府购买服务、保费补贴等方式，引入政府性担保机构和保险公司分担脱贫人口小额信贷风险，明确约定风险分担比例和启动条件。不得让贷款对象承担风险补偿、担保和保险费用，不得要求贷款对象提供反担保。

（四）规范信贷资金发放和使用。 加强脱贫人口小额信贷管理，加大监督检查力度，杜绝"搭便车""户贷企用"等违规行为。对因个人主观恶意而调整出列、不再符合贷款条件的贷款户，银行机构要及时收回贷款或转为农户贷款。对恶意拖欠银行贷款、存在逃废债行为的，要纳入失信债务人名单。

四、进一步夯实工作基础

（一）促进脱贫人口融入产业发展。 支持在脱贫地区培育发展县域支柱产业和优势特色产业，为脱贫人口自主发展产业提供良好环境。充分发挥村两委、驻村第一书记和工作队作用，帮助脱贫人口选择合适的产业，组织开展生产技术、市场销售等方面培训。发挥新型农业经营主体、龙头企业带动作用，提高脱贫人口发展产业的组织化程度。大力发展农业保险特别是特色农产品保险，深入开展大病保险和人身意外伤害保险，为脱贫人口提供充足风险保障。

（二）推进脱贫地区信用体系建设。 深入开展面向脱贫地区、脱贫人口的金融知识宣传活动，大力评选创建信用乡镇、信用村、信用户，广泛开展评级授信，提高脱贫人口信用意识，改善脱贫地区金融生态环境。

（三）坚持分片包干责任制。 监管部门负责在脱贫人口数量较多的乡镇，指定 1 家设有网点的银行机构作为脱贫人口小额信贷主责任银行，对脱贫人口实行名单制管理，确保应贷尽贷。

（四）持续开展银行基层机构与基层党组织"双基"联动。完善县乡村三级金融服务体系，提高金融服务脱贫人口能力。用好村两委、驻村第一书记和工作队等基层力量，协助做好脱贫人口小额信贷政策宣传、贷后管理等工作。

五、不断完善支持政策

（一）实施差异化监管政策。监管部门要指导做好脱贫人口小额信贷投放和风险防范，适当提高不良贷款容忍度，对脱贫人口小额信贷不良率高于银行机构各项贷款不良率目标 3 个百分点以内的，不作为监管部门监管评价和银行机构内部考核评价扣分因素，督促银行机构落实脱贫人口小额信贷尽职免责制度。

（二）用好货币政策工具。人民银行要运用再贷款、差异化存款准备金等货币政策工具，支持银行机构发放脱贫人口小额信贷。

（三）强化财政资金撬动作用。财政部门要发挥好职能作用，各地要及时安排好财政贴息资金，配合做好相关工作。

（四）加大扶贫（乡村振兴）部门工作力度。扶贫（乡村振兴）部门特别是县级扶贫（乡村振兴）部门，要将脱贫人口小额信贷作为巩固拓展脱贫成果的重要工作抓紧抓好，及时向银行机构提供和更新脱贫人口、边缘易致贫人口名单，做好组织协调、政策宣传、产业指导等工作。

六、认真抓好工作落实

（一）加强组织领导。各级监管部门、财政部门、人民银行分支机构、扶贫（乡村振兴）部门要进一步提高思想认识，强化政治担当，加大工作统筹、政策协调和信息共享力度，充分发挥工作合力。

（二）抓好贯彻落实。要广泛开展脱贫人口小额信贷政策培训，认真做好贷款统计监测和分析调度工作，建立定期会商和监测通报制度，深入开展监督检查，及时评估政策效果。

（三）大力宣传引导。要采取群众喜闻乐见的形式开展脱贫人口小额信贷政策宣传，营造良好舆论氛围。发挥典型引路作用，及时总结和宣传推广各地开展脱贫人口小额信贷工作的好做法、好经验。

中国银保监会

财政部

中国人民银行

国家乡村振兴局

2021 年 3 月 4 日

《关于深入扎实做好过渡期脱贫人口小额信贷工作的通知》政策解读

中国银保监会普惠金融部

脱贫人口小额信贷是扶贫小额信贷的延续和优化，是面向脱贫户（含边缘易致贫户，下同）发放的利率优惠、财政贴息的小额信用贷款，用于支持脱贫户发展生产增收致富。脱贫人口小额信贷工作是贯彻落实党中央、国务院关于巩固拓展脱贫攻坚成果同乡村振兴有效衔接决策部署的重要举措，由银保监会牵头，农业农村部、财政部、人民银行、国家乡村振兴局共同参与。脱贫人口小额信贷工作自 2014 年开展以来，不断发展，日趋成熟，走出一条解决低收入群众贷款难、贷款贵问题的新路子，成为稳定脱贫长效机制的重要组成部分，为促进农村产业发展、增强脱贫群众内生动力、改善乡村治理发挥了重要作用，也为世界减贫事业贡献了中国力量、中国方案。

习近平总书记在全国脱贫攻坚总结表彰大会、决战决胜脱贫攻坚座谈会上对扶贫小额信贷予以充分肯定，要求继续坚持。汪洋主席、胡春华副总理对扶贫小额信贷作出重要批示。扶贫小额信贷还被评选为 2020 年全国脱贫攻坚奖组织创新奖。脱贫攻坚期，扶贫小额信贷累计发放 7 100 多亿元，支持贫困户 1 800 多万户（次）。2021 年，脱贫人口小额信贷当年投放 750 多亿元，支持脱贫户 180 多万户。原国务院扶贫办委托的第三方机构调查显示，扶贫小额信贷对贫困户增收的贡献率达 12.4%。

一、政策出台背景

党的十八大以来，以习近平同志为核心的党中央把脱贫攻坚摆上治国理政的突出位置，汇聚全党全国全社会之力打响脱贫攻坚战。金融扶贫是脱贫攻坚的生力军，习近平总书记高度重视金融扶贫工作，多次强调要做好金融扶贫这篇文章，增加金融资金对脱贫攻坚的投放，提高贫困地区和贫困人口金融服务水平。《中共中央　国务院关于打赢脱贫攻坚战的决定》《中共中央　国务院关于打赢脱贫攻坚战三年行动的指导意见》都对金融扶贫作出安排部署，提出明确要求。

切实做好金融扶贫工作，加大对贫困地区和贫困群众的金融支持，是打赢脱贫攻坚战的必然要求和重要保障，也是金融系统必须扛起的政治责任。2012 年时，我国有 9 899 万贫困人口，大多数贫困群众没有获得过银行贷款，有的甚至没有和银行打过交道。贫困群众贷款难、贷款贵成为金融扶贫首当其冲要解决的问题。

我国是农业大国，小农户数量占到农业经营主体 98％以上，"大国小农"是我国的基本国情农情。受农业经营风险较大、缺少抵押担保、信用体系不健全等客观条件制约，融资困难是小农户普遍面临的问题。与一般农户相比，贫困户的融资难题更加突出。

一是从信贷需求端来看，贫困户的信贷需求更加小额分散，更加缺少抵押和担保，生产经营能力更弱，在信贷资源竞争中处于更加弱势的地位。

二是从信贷供给端来看，银行机构开展贫困户小额信贷业务经营成本较高，信贷风险较大，不但无利可图，甚至可能亏损，导致银行机构意愿不高、积极性不足。

三是从传统解决模式来看，一般是通过提高融资成本的方式，来解决低收入群体融资难的问题，贷款利率往往大大超出贫困群众的承受能力，不能适应打赢脱贫攻坚战的要求。

四是从国际经验来看，解决低收入人口贷款问题没有成熟的做法和经验可循，发达国家和发展中国家的普惠金融模式，包括孟加拉国的格莱珉银行模式，都不能有效解决贫困人口融资难、融资贵问题。

因此，解决贫困群众贷款难、贷款贵问题，切实满足贫困群众融资需求，必须认真学习贯彻习近平总书记关于扶贫工作的重要论述，坚持一切从实际出发，加大政策支持力度，发挥各方工作合力，大胆创新、勇于实践，持续推进，久久为功，走出一条新路子来。

二、工作历史沿革

2014 年以来，银保监会、农业农村部、财政部、人民银行、国家乡村振兴局在认真总结农村金融正反两方面经验的基础上，经过深入研究、反复论证，针对贫困群众的融资需求和生产特点，统筹考虑贫困群众增收需要和金融机构实际，创新推出了扶贫小额信贷（2021 年改为脱贫人口小额信贷），有效解决了贫困群众贷款难、贷款贵问题，成为脱贫攻坚的"金字招牌"。

（一）2014—2016 年：探索发展时期

2014 年 12 月，原国务院扶贫办、财政部、人民银行、原银监会、原保监会联合印发《关于创新发展扶贫小额信贷的指导意见》，正式启动扶贫小额信贷工作，鼓励引导银行机构向贫困群众发放小额优惠贷款，并建立风险补偿机制。扶贫小额信贷一经推出，便迅速发展壮大。2015 年发放贷款超过 1 000 亿元，2016 年达到 1 700 亿元。

（二）2017—2018 年：规范发展时期

一是明确扶贫小额信贷政策要点。2017 年，有关部门联合印发《关于促进扶贫小额信贷健康发展的通知》，首次明确扶贫小额信贷的政策要点，即"5 万元以下、3 年期以内、免担保免抵押、基准利率放贷、财政贴息、县建风险补偿金"，扶贫小额信贷成为统一标准的专属金融产品。二是及时解决工作推进过程中出现的新情况、新问题。对部分地区存在的"下指标""定任务"发放贷款、"户贷企用"、贷款用于非生产用途等问题，有关部门深入调查研究，及时召开会议，采取切实措施予以纠正和规范，促进扶贫小额信贷工作持续健康发展。

（三）2019—2020 年：成熟发展时期

一是进一步明确发展思路。2019 年，有关部门联合印发《关于进一步规范和完善扶贫小额信贷管理的通知》，明确要求一手抓精准投放，能贷尽贷；一手抓规范完善管理，防范化解风险，进一步优化扶贫小额信贷政策要点，并对续贷展期、逾期贷款处置、完善风险补偿机制等作出安排部署。二是不断完善政策措施。2020 年 2 月，有关部门联合印发《关于积极应对新冠肺炎疫情影响　切实做好扶贫小额信贷工作的通知》，将受疫情影响还款困难的扶贫小额信贷还款期限延长 6 个月。2020 年 6 月，有关部门又联合印发《关于进一步完善扶贫小额信贷有关政策的通知》，将受疫情影响还款困难的扶贫小额信贷还款期限进一步延长到 2021 年 3 月底，并将符合条件的边缘易致贫人口纳入政策支持范围。脱贫攻坚期内，扶贫小额信贷累计发放 7 100 多亿元，平均每年发放 1 000 多亿元，为贫困群众发展生产稳定脱贫发挥了重要作用。

（四）2021 年以来：转型发展时期

2020 年 12 月，党中央、国务院印发《关于实现巩固拓展脱贫攻坚成果同乡村振兴有效衔接的意见》，明确要求进一步完善针对脱贫人口的小额信贷政策。2021 年 3 月，银保监会、财政部、人民银行、国家乡村振兴局联合印发《关于深入扎实做好过渡期脱贫人口小额信贷工作的通知》，将扶贫小额信贷更名为脱贫人口小额信贷，主要政策要点保持不变，与扶贫小额信贷实现平稳过渡。2021 年 6 月，农业农村部、银保监会、国家乡村振兴局联合召开全国脱贫人口小额信贷工作电视电话会议，对做好过渡期脱贫人口小额信贷工作进行再动员再部署。

三、政策主要内容

脱贫人口小额信贷是精准支持脱贫户发展生产的金融帮扶产品，是过渡期内金融支持巩固拓展脱贫攻坚成果同乡村振兴有效衔接的重要工作，是一项全面系统的帮扶政策。主要内容有以下五个方面：

（一）政策要点

支持对象是建档立卡脱贫户和边缘易致贫户；贷款金额原则上 5 万元以下，对符合条件的脱贫户可追加贷款至 10 万元；贷款期限为 3 年期以内；贷款利率不高于贷款市场报价利率（LPR）；实行免担保免抵押，财政资金予以适当贴息；鼓励通过设立风险补偿金等方式建立风险补偿机制；政策实施时间是过渡期内（2021—2025 年）。

（二）切实满足脱贫人口信贷需求

坚持户借、户用、户还，借款人年龄应在 18～65 周岁，贷款用于发展生产和经营。银行机构要积极做好信贷投放，努力满足脱贫群众贷款需求，确保应贷尽贷。脱贫人口小额信贷（含未到期的扶贫小额信贷）可续贷或展期1次，续贷或展期期间各项政策保持不变。已还清贷款且符合贷款条件的脱贫户可多次申请贷款。

（三）努力防控信贷风险

要求银行机构完善脱贫人口小额信贷管理机制，认真做好贷前调查、贷中审查和贷后管理，不过度强调获贷率，避免向不符合条件的脱贫户发放贷款。发挥多方合力，加强分析研判，积极争取地方党委、政府支持，稳妥处置逾期贷款，进一步健全风险补偿和分担机制。

（四）夯实工作基础

在脱贫地区培育发展县域支柱产业和优势特色产业，促进脱贫群众融入产业发展。大力创建信用乡镇、信用村、信用户，推进脱贫地区信用体系建设。以乡镇为单位建立主责任银行制度，对脱贫人口实行名单制管理。持续开展银行基层机构和基层党组织"双基"联动，提高金融服务脱贫群众能力和质效。

（五）各部门责任分工

银保监会负责实施差异化监管政策，指导银行机构做好脱贫人口小额信贷发放和风险防控。人民银行负责用好再贷款、差异化存款准备金等货币政策工具，支持脱贫人口小额信贷投放。财政部门负责及时安排财政贴息资金。农业农村和乡村振兴部门特别是县级机构，负责做好组织协调、政策宣传、产业指导等工作。

四、主要特点和创新点

脱贫人口小额信贷立足我国基本国情农情，充分发挥党的领导政治优势和中国特色社会主义制度优势，创造性地解决脱贫群众融资难题，具有鲜明特点，取得创新突破。

（一）脱贫人口小额信贷的特点

脱贫人口小额信贷具有以下 5 个特点：

一是支持对象精准。脱贫人口小额信贷是精准支持到户的金融帮扶产品，乡村振兴部门向银行机构提供脱贫户名单并定期更新。贷款由本人使用，必须用于发展生产和开展经营，不允许以入股分红、转贷、指标交换等方式将贷款交由企业或他人使用，不能用于家庭消费等非生产性支出。

二是贷款匹配性较好。据调查，90％以上的脱贫户将贷款用于种植业和养殖业。针对脱贫群众的信贷需求，脱贫人口小额信贷对贷款额度和期限作了精心设计，在满足脱贫户信贷需求的同时，避免脱贫户承担过大的还款压力，贷款期限也与农业生产周期相匹配。

三是贷款使用成本低。考虑到脱贫户的利息承担能力有限，脱贫人口小额信贷以最优惠的利率向脱贫户发放贷款，有的银行机构在 LPR 利率基础上有所下浮。各地还安排财政资金对贷款予以贴息，大部分地区是全额贴息，脱贫户相当于无偿使用贷款。

四是贷款覆盖面广。 脱贫人口小额信贷门槛低、受众广，而且是信用贷款，不需抵押担保，贷款办理手续较为简便，脱贫群众的可获得性较高，累计已有 50％以上的脱贫户获得过贷款支持。

五是全过程帮扶。 积极发挥村"两委"、驻村工作队力量作用，在贷款申请、使用、偿还全过程给予支持，特别是帮助脱贫户选准产业项目，开展生产技能培训，解决销售难题，切实做到"贷得到、用得好、还得上、可持续"。不但使脱贫户融入产业发展并长期受益，也有效防范化解了贷款风险。截至 2021 年末，脱贫人口小额信贷逾期贷款率为 0.9％，不良贷款率为 0.53％，显著低于商业贷款不良率。

（二）脱贫人口小额信贷的创新点

脱贫人口小额信贷在制度设计、贯彻落实、组织实施等方面进行了系统创新、实践创新，主要体现在以下三个方面：

一是制度设计统筹兼顾、科学合理。 将政府推动引导和银行机构自主经营结合起来，政府部门发挥好政策支持的优势，银行机构发挥好市场经营的优势，共同推动脱贫人口小额信贷发展。将金融支持政策与财政支持政策结合起来，对脱贫人口小额信贷予以再贷款政策、差异化监管政策支持，财政资金予以贴息，银行机构开展脱贫人口小额信贷，可以实现保本经营，提高工作的可持续性。将信贷投放与风险防控结合起来，一方面要求银行机构对符合信贷条件的脱贫户做到应贷尽贷，另一方面设立风险补偿金，动员基层党组织协助做好贷款清收，推动脱贫人口小额信贷规范健康发展。

二是基层实践因地制宜、大胆创新。如建立分片包干责任制，以乡镇为单位设立主责任银行，实施名单制管理；银行机构对脱贫人口小额信贷单列信贷计划、单独配置资源、单独客户认定审批、单独考核核算；探索形成"基层党组织＋龙头企业（农民合作社）＋脱贫户"、"信贷＋保险"等典型模式；建立县乡村三级金融服务体系，推动基层银行机构和基层党组织开展"双基联动"。

三是组织实施发挥合力、久久为功。银保监会、农业农村部、财政部、人民银行、国家乡村振兴局分工明确，密切配合，先后联合印发6份文件对脱贫人口小额信贷工作进行安排部署。有关部门在各自领域持续推动脱贫人口小额信贷工作，年初有布置，年中有督促，年底有总结。专门建立脱贫人口小额信贷信息系统，每月统计分析，定期会商调度，按时通报情况，共同开展调研，及时研究解决新情况、新问题，推动脱贫人口小额信贷工作持续健康发展。

五、典型经验做法

多年来，各地在开展脱贫人口小额信贷工作实践中，求真务实、开拓创新，涌现出一批典型做法和模式。

（一）河南卢氏模式

河南省卢氏县建设金融服务、信用评价、产业支撑、风险防控"四大体系"，形成"政银联动、风险共担、多方参与、合作共赢"的金融帮扶"卢氏模式"，有效破解了政策落地难题。

一是针对"银行网点少，服务无法保障"的问题，建设金融服务体系。 县级设立金融服务中心、乡镇设立金融服务站、村级设立金融服务部，组成三级金融服务体系。县中心、乡服务站实行每天受理，村部每周两天集中受理，县农商行包村受理，其他合作银行预约受理。

二是针对"贷款方式改变，信用难以评定"的问题，建设信用评价体系。 采用"政府主导、人行推动、多方参与、信息共享"的方式，依据"三好三强、三有三无"（即遵纪守法好、家庭和睦好、邻里团结好，责任意识强、信用观念强、履约保障强；有劳动能力、致富愿望、致富项目，无赌博吸毒现象、失信欠贷或者好吃懒做的行为）的定性标准和 13 类 144 项定量指标，全面采集信用信息，建立覆盖全县的信用信息大数据库，准确评级授信。

三是针对"贷款用于生产，项目不好选"的问题，建设产业支撑体系。 大力发展以菌、药、果为重点的绿色农业和以农副产品、中药材精深加工为重点的特色产业。建立"龙头企业带动、合作社组织、脱贫户自主经营、基地承载"的利益联结共享机制，探索发展订单农业、合作经营、劳务增收、"产权＋劳务"

四种带动模式。

四是针对"免抵押、免担保，风险防控困难"的问题，建设风险防控体系。建立风险防控"五道防线"，即贷款资金监管、续贷资金周转、保险跟进防范、风险分担缓释、惩戒约束熔断。

（二）湖南宜章经验

湖南省宜章县坚持"政府主导、银行主体、市场运作、稳步推进"，探索实行脱贫人口小额信贷"四员"服务，确保贷款"用得好、有效益"。

一是信贷管户员。统筹协调各乡镇支行信贷业务骨干，通过分片包村，担任小额信贷管户员，负责金融帮扶政策宣传、贷前调查、风险评估、评级授信、审批发放、资金监管、风险防控等。

二是产业指导员。统筹整合乡镇技术人员、驻村工作队队员、乡村干部等，担任帮扶产业指导员，负责宣传产业帮扶政策，指导贷款户因地制宜选择产业项目。

三是科技特派员。统筹协调省市科技人才和省、市、县科技特派员等科技人才，担任帮扶产业科技特派员，负责开展实用技术培训和科技服务。

四是电商销售员。培训农村具有一定文化程度、有电子商务工作经验、沟通能力较好的人员担任电商销售员，负责运营农村电商服务平台，帮助销售农产品。

（三）湖北省农信联社"六专"机制

湖北省农信联社建立"六专"机制，不断加大脱贫人口小额信贷投放，有效防控信贷风险，取得积极成效。

一是专项计划。单列脱贫人口小额信贷计划，对符合贷款条件的脱贫户做到应贷尽贷。

二是专门档案。对有贷款意愿、有就业创业潜质、有技能素质、有一定还款能力的脱贫户建立专门档案，进行重点对接，不断提高信贷覆盖面。

三是专优利率。对脱贫人口小额信贷严格执行 LPR 利率，对受疫情影响出现还款困难的贷款延长还款期限，下调延期贷款利率。

四是专属模式。推出"脱贫户＋农商行＋土地流转""脱贫户＋农商行＋乡村能人"等帮扶模式，支持脱贫户发展产业。

五是专门流程。参照村委会评定的信用级别，对脱贫户评级授信，做到"一次核定，随用随贷、余额控制、周转使用"。疫情期间，建立信贷服务绿色通道，简化贷款审批流程，适度下放审批权限，实行容缺办理。

六是专项考核。对脱贫人口小额信贷实行单独考核，认真落实提高脱贫人口小额信贷不良率容忍度和尽职免责的监管要求，提高基层员工工作积极性。

六、下一步重点工作

脱贫人口小额信贷工作取得了长足发展，但是，与党中央、国务院的要求相比，与脱贫群众的期待相比，也存在一些差距和不足。有的基层部门在脱贫攻坚战结束后存在"收摊"思想，工作积极性、主动性不高；有的地区受新冠肺炎疫情影响，实体经济经营困难，导致脱贫户信贷需求减少；有的地区脱贫人口小额信贷集中到期，信贷风险有所增大。下一步，要认真学习贯彻习近平总书记重要讲话和指示批示精神，深入贯彻落实党中央、国务院决策部署，高质量做好脱贫人口小额信贷工作，持续打造工作品牌。重点做好以下工作：

（一）加强组织领导，压实工作责任

脱贫人口小额信贷是巩固拓展脱贫攻坚成果同乡村振兴有效衔接的重点工作，也是"我为群众办实事"实践活动的重要内容。要从讲政治的高度认识脱贫人口小额信贷工作，提高政治站位，强化责任担当。建立健全横向到边，纵向到底的工作格局，一级抓一级，层层抓落实，确保政策落实、责任落实、工作落实，为增强脱贫群众获得感、幸福感、安全感，不断巩固拓展脱贫攻坚成果，全面推进乡村振兴作出更大贡献。

（二）坚持目标导向，加大工作力度

要一手抓信贷投放，一手抓风险防控，推动脱贫人口小额信贷持续健康发展。进一步加大脱贫人口小额信贷政策宣传力度，让脱贫群众了解政策、掌握政策、用好政策。督促银行机构配置充足的信贷资源，对符合条件的脱贫户切实做到应贷尽贷。继续发挥好村"两委"、驻村工作队等基层党组织作用，加强全过程帮扶。贷款集中到期压力较大的地区要制定工作预案，积极稳妥处置逾期贷款，不断完善风险补偿机制。

（三）健全支持政策，完善工作机制

不断优化完善脱贫人口小额信贷政策，督促引导银行机构进一步改进信贷服务，更好地满足脱贫群众信贷需求。进一步发挥部门合力，强化监测分析，定期部门会商，加强工作调度，及时通报情况，开展联合调研，不断完善脱贫人口小额信贷工作机制。

（四）总结经验做法，加强宣传引导

深入总结各地开展脱贫人口小额信贷工作的好做法、好经验，大力宣传推广，发挥典型引路作用。对典型案例加大新闻宣传力度，营造良好舆论氛围。做好对外宣传，讲好脱贫人口小额信贷故事，为世界减贫事业传播好中国声音。

中央农村工作领导小组关于健全防止返贫动态监测和帮扶机制的指导意见

中央农村工作领导小组成员单位，各省（自治区、直辖市）和新疆生产建设兵团党委农村工作领导小组：

为贯彻落实中央农村工作会议和《中共中央、国务院关于实现巩固拓展脱贫攻坚成果同乡村振兴有效衔接的意见》部署要求，现就健全防止返贫动态监测和帮扶机制提出如下意见。

一、健全防止返贫动态监测和帮扶机制的重要性和必要性

2020 年 3 月 20 日，原国务院扶贫开发领导小组出台《关于建立防止返贫监测和帮扶机制的指导意见》。各地认真贯彻落实工作要求，普遍建立实施防止返贫监测和帮扶机制，为如期全面打赢脱贫攻坚战提供了制度保障，发挥了重要作用。到 2020 年底，我国现行标准下农村贫困人口全部脱贫、贫困县全部摘帽、区域性整体贫困得到解决，困扰中华民族几千年的绝对贫困问题得到历史性消除，脱贫攻坚成果举世瞩目。

脱贫摘帽不是终点，而是新生活、新奋斗的起点。"十四五"

时期，要在全面解决绝对贫困问题基础上，实现巩固拓展脱贫攻坚成果同乡村振兴有效衔接。巩固拓展脱贫攻坚成果是实现有效衔接的基础和前提，要清醒地认识到，目前还有一些脱贫户的发展基础比较脆弱，一些边缘户还面临致贫风险，一些农户会因病因灾因意外事故等导致基本生活出现严重困难，脱贫地区特别是原深度贫困县摘帽时间较晚，经济社会发展基础薄弱，容易发生返贫致贫现象。对标对表新时代党中央、国务院关于建立健全巩固拓展脱贫攻坚成果长效机制的新要求，针对各地工作中存在的困难问题，需要进一步优化顶层设计，强化工作指导。

健全防止返贫动态监测和帮扶机制是从制度上预防和解决返贫问题、巩固拓展脱贫攻坚成果的有效举措。按照党中央、国务院的新部署新要求，要全面总结防止返贫监测和帮扶机制运行的经验成效，进一步健全机制，调整政策，细化要求。各地各部门要充分认识健全防止返贫动态监测和帮扶机制的重要意义，树牢底线思维，持续压实责任，继续精准施策，补齐短板，消除风险，做到早发现、早干预、早帮扶，切实防止返贫致贫，坚决守住防止规模性返贫的底线。

二、明确监测对象和范围

（一）监测对象。以家庭为单位，监测脱贫不稳定户、边缘易致贫户，以及因病因灾因意外事故等刚性支出较大或收入大幅缩减导致基本生活出现严重困难户，重点监测其收入支出状况、"两不愁三保障"及饮水安全状况等。重点关注有大病重病和负担较重的慢性病患者、重度残疾人、失能老年人口等特殊群体的家庭。

（二）监测范围。 各省（自治区、直辖市）综合本区域物价指数变化、农村居民人均可支配收入增幅和农村低保标准等因素，合理确定监测范围，实事求是确定监测对象规模。

（三）防止规模性返贫。 各地要实时监测水旱灾害、气象灾害、地震灾害、地质灾害、生物灾害、火灾，以及疫情等各类重大突发公共事件带来的影响，全力防范大宗农副产品价格持续大幅下跌、农村劳动力失业明显增多、乡村产业项目失败、大中型易地扶贫搬迁集中安置区搬迁人口就业和社区融入等方面的风险隐患，发现解决因工作、责任、政策落实不到位造成的返贫现象，及时排查预警区域性、规模性返贫风险，制定防范措施，落实帮扶举措，坚决守住防止规模性返贫的底线。

三、优化监测方式和程序

（一）监测方式。 健全监测对象快速发现和响应机制，细化完善农户自主申报、基层干部排查、部门筛查预警等监测方式，互为补充、相互协同。及时掌握分析媒体、信访等信息，拓宽风险预警渠道。农户自主申报方面，进一步加强政策宣传，提高政策知晓度，因地制宜拓展便捷的自主申报方式。基层干部排查方面，充分发挥制度优势，依靠乡村干部、驻村干部、乡村网格员等基层力量，进行常态化预警，每年至少开展一次集中排查。部门筛查预警方面，进一步加强相关部门数据共享和对接，充分利用先进技术手段，及时将预警信息分类分级反馈基层核实。

（二）**监测程序。**完善监测对象识别程序，新识别监测对象增加农户承诺授权和民主公开环节。监测对象确定前，农户应承诺提供的情况真实可靠，并授权依法查询家庭资产等信息。在确定监测对象、落实帮扶措施、标注风险消除等程序中，应进行民主评议和公开公示。

（三）**风险消除。**对收入持续稳定、"两不愁三保障"及饮水安全持续巩固、返贫致贫风险已经稳定消除的，标注为"风险消除"，不再按"监测对象"进行监测帮扶。对风险消除稳定性较弱，特别是收入不稳定、刚性支出不可控的，在促进稳定增收等方面继续给予帮扶，风险稳定消除后再履行相应程序。对无劳动能力的，落实社会保障措施后，暂不标注"风险消除"，持续跟踪监测。

四、完善帮扶政策

（一）**强化政策支持。**坚持预防性措施和事后帮扶相结合，可使用行业政策、各级财政衔接推进乡村振兴补助资金等，对所有监测对象开展精准帮扶。

（二）**坚持精准施策。**按照缺什么补什么的原则，根据监测对象的风险类别、发展需求等开展针对性帮扶。对风险单一的，实施单项措施，防止陷入福利陷阱；对风险复杂多样的，因户施策落实综合性帮扶；对有劳动能力的，坚持开发式帮扶方针，促进稳定增收；对无劳动能力或部分丧失劳动能力且无法通过产业就业获得稳定收入的，纳入农村低保或特困人员救助供养范围，做好兜底保障；对内生动力不足的，持续扶志扶智，激发内生动力，增强发展能力。

（三）加强社会帮扶。继续发挥东西部协作、对口支援、中央单位定点帮扶等制度优势，动员社会力量积极参与，创新工作举措，对监测对象持续开展帮扶。

五、强化组织保障

（一）加强组织领导。把防止返贫、巩固拓展脱贫攻坚成果摆在突出位置，严格落实"四个不摘"要求，层层压实各级各部门工作责任。各省（自治区、直辖市）对本区域健全防止返贫动态监测和帮扶工作负总责，制定工作方案，统一组织实施。市县乡落实主体责任，充实保障基层工作力量，做好监测帮扶工作。各地党委农村工作领导小组牵头抓总，各级乡村振兴部门履行工作专责，相关部门根据职责做好信息预警、数据比对和行业帮扶，共同推动政策举措落地落实。

（二）加强部门协作。健全防止返贫大数据监测平台，进一步强化行业数据信息共享共用，共同开展部门筛查预警和监测帮扶。分批分级有序推进相关行业部门信息系统实时联网。定期集中研判规模性返贫风险隐患，研究制定应对措施，督促指导各地抓好落实。

（三）严格考核评估。将防止返贫动态监测和帮扶工作成效作为巩固拓展脱贫攻坚成果的重要内容，纳入乡村振兴战略实绩考核范围，强化考核结果运用。加强监督检查，创新完善工作方式，及时发现解决突出问题，对弄虚作假、失职失责，造成规模性返贫的，严肃处理，追究问责。

（四）减轻基层负担。依托全国防止返贫监测信息系统，运用好国家脱贫攻坚普查结果，进一步完善监测对象基础数据库，不重复建设。优化监测指标体系，统筹利用信息资源，避免重复填表报数采集信息。按照统一安排，开展集中排查，防止层层加码。

中央农村工作领导小组

2021 年 5 月 14 日

《关于健全防止返贫动态监测和帮扶机制的指导意见》政策解读

国家乡村振兴局规划财务司

按照《中共中央　国务院关于全面推进乡村振兴加快农业农村现代化的意见》和《中共中央　国务院关于实现巩固拓展脱贫攻坚成果同乡村振兴有效衔接的意见》（以下简称《有效衔接意见》）的工作要求，2021年5月，中央农村工作领导小组出台了《关于健全防止返贫动态监测和帮扶机制的指导意见》（以下简称《指导意见》），现将主要政策要点说明如下。

《指导意见》由五个部分组成：第一部分，健全防止返贫动态监测和帮扶机制的重要性和必要性。第二部分，明确监测对象和范围，对防止规模性返贫提出相关要求。第三部分，优化监测方式和程序，对风险消除程序作出规定。第四部分，完善帮扶政策，包括强化政策支持、坚持精准施策、加强社会帮扶。第五部分，强化组织保障，包括加强组织领导、加强部门协作、严格考核评估、减轻基层负担。

一、关于健全防止返贫动态监测和帮扶机制的重要性和必要性

2020 年 3 月 20 日，原国务院扶贫开发领导小组出台《关于建立防止返贫监测和帮扶机制的指导意见》（国开发〔2020〕6 号，以下简称"6 号文件"）。各地认真贯彻落实工作要求，普遍建立实施防止返贫监测和帮扶机制，为如期全面打赢脱贫攻坚战提供了制度保障，发挥了重要作用。

脱贫摘帽不是终点，而是新生活、新奋斗的起点。"十四五"时期，要在全面解决绝对贫困问题基础上，实现巩固拓展脱贫攻坚成果同乡村振兴有效衔接。巩固拓展脱贫攻坚成果是实现有效衔接的基础和前提，要清醒地认识到，目前还有一些脱贫户的发展基础还比较脆弱，一些边缘户还面临致贫风险，一些农户会因病因灾因意外事故等导致基本生活出现严重困难，脱贫地区特别是原深度贫困县摘帽时间较晚，经济社会发展基础薄弱，容易发生返贫致贫现象。对标对表新时代党中央、国务院关于建立健全巩固拓展脱贫攻坚成果长效机制的新要求，针对各地工作中存在一些困难问题，需要进一步优化顶层设计，强化工作指导。

健全防止返贫动态监测和帮扶机制是从制度上预防和解决返贫问题、巩固拓展脱贫攻坚成果的有效举措。按照党中央、国务院的新部署新要求，要全面总结防止返贫监测和帮扶机制运行的经验成效，进一步健全机制，调整政策，细化要求。各地各部门

要充分认识健全防止返贫动态监测和帮扶机制的重要意义，树牢底线思维，持续压实责任，继续精准施策，补齐短板，消除风险，做到早发现、早干预、早帮扶，切实防止返贫致贫，坚决守住防止规模性返贫的底线。

二、关于明确监测对象和范围

（一）监测对象

《指导意见》确定了三类监测对象。其中，脱贫不稳定户和边缘易致贫户指虽然已经超过现行扶贫标准，但各方面发展条件、特别是收入较低（没有超过监测范围）或不稳定，存在返贫致贫风险的脱贫户或一般农户。因病因灾因意外事故等刚性支出较大或收入大幅缩减导致基本生活出现严重困难户，是2020年底后新增的一类监测对象，这类人群从收入水平看，不能算脱贫不稳定户或边缘易致贫户，而是受突发事件影响，导致刚性支出骤增或收入骤减，基本生活出现严重困难的农户。

监测对象的范围是所有农村人口，也包括易地扶贫搬迁及同步搬迁等已转为城镇户籍的人口，要及时将有返贫致贫风险的农户全部纳入监测帮扶。开展定期排查、实行动态管理，重点监测其收入支出状况、"两不愁三保障"及饮水安全状况，精准落实帮扶举措，切实防止返贫致贫。此外，为突出工作重点，强调要重点关注有大病重病和负担较重的慢性病患者、重度残疾人、失能老年人口等特殊群体的家庭。

（二）监测范围

考虑到各地差异，具体由各省综合本区域物价指数变化、农村居民人均可支配收入增幅、农村低保标准调整等因素，量力而行确定分年度收入监测范围，不再实行规模控制，实质上是对各地工作提出了更高的要求。如此安排，既从国家层面强调了工作底线要求，也给各省留有一定的调整空间，便于实际操作。

监测范围是确定监测对象的一个重要参考指标，而不是唯一标准，更不是重新划定新的贫困线。比如，农户收入低于监测范围，存在返贫致贫风险的，须纳入监测对象。"三保障"和安全饮水没有问题，收入持续稳定且无返贫致贫风险的，作为重点关注人群，不纳入监测对象。

（三）防止规模性返贫

考虑到各地区域发展、地域条件、农村人口规模存在较大差异，很难从返贫人口规模或返贫人口占比等方面界定规模性返贫、给出统一的量化标准。为便于指导各地工作，《指导意见》从突发公共事件、产业、就业、易地扶贫搬迁等方面梳理了规模性返贫风险点，从防范风险的角度提出了工作要求，并涵盖了对规模性返贫概念的定性表述。其中，突发公共事件有关表述和要求主要参考《国家突发公共事件总体应急预案》。

三、关于优化监测方式和程序

（一）监测方式

实际工作中，基层普遍存在监测方式单一的问题，有的地方农户对防止返贫政策了解不够、自主申报能力不足，申报渠道较少，有的地方部门预警基本没有发挥作用。为健全监测对象的快速发现和响应机制，《指导意见》对监测方式进行了细化完善，着力解决"农户不知道不会报""干部走不到找不全""部门参与少预警难"等问题。集中排查工作由国家统一安排部署，每年至少开展一次。此外，为进一步拓宽动态监测的信息来源，强化监测预警的及时性、全面性，提出了及时掌握分析媒体、信访等信息，拓宽风险预警渠道的要求。

（二）监测程序

基层普遍反映，实际工作中存在两方面困难。一是由于缺少农户授权，存在法律风险，难以协调相关部门开展预警和比对农户房产、存款等个人信息。二是由于缺少对民主公开的要求，群众不了解情况，实际操作中易引发不满、产生矛盾。新颁布的《民法典》对"依法取得个人信息并确保信息安全"提出了明确要求，使用财政专项资金帮扶监测对象也必须履行公示公告程序。为规范程序管理，《指导意见》增加了农户承诺授权、民主公开两个工作环节。农户承诺授权的内容、民主公开的方式，由各地根据工作实际进行细化。

(三) 风险消除

《指导意见》增加了风险消除的明确要求，并根据风险消除的稳定程度，提出对监测对象分类管理的相关要求。即风险消除不再帮，风险不除持续帮。为进一步打消基层顾虑，不对监测对象风险消除时间、比例等提出硬性要求。

四、关于完善帮扶政策

(一) 强化政策支持

2020 年全面打赢脱贫攻坚战后，对脱贫不稳定户和边缘易致贫户、严重困难户的帮扶同等重要，帮扶政策适用范围应统一。目前，各行业部门已陆续明确了对所有监测对象实行统一的帮扶政策。《中央财政衔接推进乡村振兴补助资金管理办法》明确指出，衔接资金用于"对监测帮扶对象采取有针对性的预防性措施和事后帮扶措施"。

(二) 坚持精准施策

基层反映，如果像过去帮扶贫困户那样对监测对象叠加各类帮扶政策，会造成新的不平衡，引发群众攀比。例如，家中有大额学费支出的，应该从减免学费、教育补贴等方面进行帮扶，不应再叠加"看病不花钱"等超常规政策。精准施策不仅是脱贫攻坚的重要方略，也是开展防止返贫动态监测和帮扶工作必须秉持的重要原则。为此，《指导意见》明确，应按照缺什么补什么的原则，对监测对象实施精准帮扶，确保帮扶措施管用够用、能用有用。同时，从监测对象的风险类别、发展需求层面，提出了分类精准帮扶的具体要求。

（三）加强社会帮扶

《指导意见》明确：继续发挥东西部协作、对口支援、中央单位定点帮扶等制度优势，动员社会力量积极参与，创新工作举措，对监测对象持续开展帮扶。相应增加有关内容，鼓励创新举措，鼓励社会力量积极参与。

五、关于强化组织保障

（一）加强组织领导

从防止返贫动态监测和帮扶机制执行情况看，随着脱贫攻坚目标任务如期完成，有的地方工作重视程度有所减弱，有的还是盲目乐观，工作主动性不够，有的存在监测对象动态管理不及时、图省事搞"体外循环"等问题，一定程度影响了防止返贫动态监测和帮扶工作质量。健全防止返贫动态监测和帮扶机制能否真正落地见效，关键在于坚持"中央统筹、省负总责、市县乡抓落实"的工作机制，要加强组织领导，压实各级各部门责任。为此，《指导意见》进行了重点强调。《有效衔接意见》明确，充分发挥中央和地方各级党委农村工作领导小组作用，建立统一高效的实现巩固拓展脱贫攻坚成果同乡村振兴有效衔接的决策议事协调工作机制。防止返贫动态监测和帮扶工作，是巩固拓展脱贫攻坚成果同乡村振兴有效衔接的一项重点工作，涉及部门多、专业性强，为厘清职责、提高效率，要求切实发挥中央农村工作领导小组牵头抓总作用和乡村振兴局的工作专责，相关部门根据行业职责做好信息预警、数据比对和行业帮扶，共同推动政策举措落地落实。

（二）加强部门协作

进一步强化部门协作和数据信息共享共用，是实现易返贫致贫人口快速发现和响应的重要保障，是健全防止返贫动态监测和帮扶机制的重要内容。但从实际运行情况看，由于各部门信息化建设程度不同，数据格式不统一，短期内实现信息共享存在一定困难，应当突出重点，分批分级有序推进，优先实现"两不愁三保障"主责部门，以及应急管理等其他相关部门信息系统的实时联网。此外，有些地方已经结合实际探索建立了防止返贫大数据平台，形成了一些经验做法，有了一定工作基础，应当鼓励有条件的地方继续探索创新，支持以省为单位强化部门协作，以点促面推进建立工作机制，推动工作落实。

（三）严格考核评估

《有效衔接意见》明确，脱贫攻坚任务完成后，脱贫地区开展乡村振兴考核时要把巩固拓展脱贫攻坚成果纳入市县党政领导班子推进乡村振兴战略实绩考核范围。防止返贫动态监测和帮扶是巩固拓展脱贫攻坚成果的重中之重，过渡期内，要纳入乡村振兴战略实绩考核内容。同时，要加强监督检查，注重结果运用，树立赏罚分明的工作导向。

（四）减轻基层负担

脱贫攻坚期内对减轻基层负担作出专项部署，深受基层广泛欢迎，在推进防止返贫动态监测和帮扶工作中应继续坚持。为此，《指导意见》对完善数据库、优化指标体系、统一部署工作提出了相关要求。

关于开展"万企兴万村"行动的实施意见

各省、自治区、直辖市和新疆生产建设兵团工商联、农业农村（农牧）厅（局、委）、乡村振兴局、光彩会，中国农业发展银行各省、自治区、直辖市分行，中国农业银行各省、自治区、直辖市分行，新疆兵团分行，各直属分行：

为深入贯彻落实习近平总书记关于乡村振兴重要指示精神和党中央关于乡村振兴的决策部署，巩固拓展脱贫攻坚成果、接续推动乡村全面振兴，按照《中共中央国务院关于全面推进乡村振兴加快农业农村现代化的意见》要求，现就组织实施民营企业"万企兴万村"行动（以下简称行动）提出如下意见。

一、指导思想

以习近平新时代中国特色社会主义思想为指导，全面贯彻党的十九大和十九届二中、三中、四中、五中全会精神，坚持党的全面领导，立足新发展阶段，贯彻新发展理念，融入新发展格局，按照产业兴旺、生态宜居、乡风文明、治理有效、生活富裕的总要求，组织民营企业大力开展"万企兴万村"行动，以产业振兴为重要基础，全面推进乡村产业、人才、文化、生态、组织振兴，促进农业高质高效、乡村宜居宜业、农民富裕富足。

二、基本原则

"万企兴万村"行动是全国民营企业参与乡村振兴统一的工作品牌，各地在组织民营企业参与"万企兴万村"行动时应坚持以下原则：

坚持全面参与，突出重点。在组织民营企业全面参与"五个振兴"的同时，各地根据区域发展水平、特点明确重点工作任务。全国层面，"十四五"期间的工作重点是巩固拓展"万企帮万村"行动成果、开展"回报家乡"等专项行动。鼓励各地根据实际情况拓展工作内容。

坚持因地制宜，分类指导。各地根据实际情况，因地制宜、分类指导民营企业参与乡村振兴工作，要坚持实事求是、稳步推进的总基调。现阶段，巩固脱贫成果任务重的地区应着力巩固拓展脱贫攻坚成果，相对落后地区应重点致力于改善和提升农村生产生活条件，发达地区应积极探索整村推进、全面振兴的模式与路径。

坚持农民主体、合作共赢。引导民营企业将自身发展与农村发展、个人富裕与农民富裕有机结合，以多种方式与农民形成经济共同体、利益共同体，尊重农民主体地位，发挥农民主体作用，保护农民利益，通过先富帮后富，实现共同富裕、相互合作、共同发展。

坚持自觉自愿、市场导向。在组织号召和鼓励民营企业参与的同时，要尊重民营企业参与意愿，鼓励引导民营企业按照市场规律参与乡村振兴，促进企业长期可持续发展，为乡村振兴奠定良好基础。

坚持依靠科技、鼓励创新。把科技放在更加突出的地位，注重用现代科技改造传统农业，用现代科技引领企业转型升级。鼓励民营企业创新组织形式、合作经营模式，发展高效农业产业，实现村企合作高质量发展，积极探索加快乡村振兴实现途径。

坚持三条红线，依法兴村。民营企业在参与乡村振兴中要严格遵守《中华人民共和国乡村振兴促进法》，坚守耕地保护、生态环境保护和农民利益保护三条红线，始终将民营企业发展方向与乡村振兴战略方向、政策导向保持一致。

三、行动内容

（一）巩固拓展"万企帮万村"成果

巩固拓展"万企帮万村"成果是巩固拓展脱贫攻坚成果的重要举措，是接续开展"万企兴万村"行动的重要基础。要认真贯彻落实"五年过渡期"要求，在继续保持原"万企帮万村"精准扶贫行动的结对帮扶关系总体稳定的前提下，真正做到摘帽不摘责任、摘帽不摘政策、摘帽不摘帮扶、摘帽不摘监管。各级行动领导小组要保持支持服务力度不减，指导帮扶企业帮助原帮扶对象脱贫不返贫。

要立足当前，着眼长远，下大力气支持服务"万企帮万村"产业帮扶项目行稳致远，做优项目，做强企业，拓展帮扶成果。要继续教育引导帮扶企业与农民建立合作关系，筑牢村企合作共赢的长效机制。鼓励合作经营好的企业扩大规模，引导规模经营的企业帮助更多村并向一二三产业融合发展，接续开展"万企兴万村"行动，探索促进村庄发展的长效机制。

（二）开展"回报家乡"专项行动

充分发挥民营企业家熟乡情、重亲情、懂管理、善经营、有实力、讲信誉、受尊重、乐奉献等优势特点，教育引导民营企业继续弘扬"义利兼顾、以义为先"光彩理念，积极到乡（民族乡、镇）、村（含行政村、自然村）等投资兴业，支持举办各项社会事业，用看得见、摸得着、感受得到的丰硕成果回报家乡、造福桑梓。

促进乡村产业振兴。组织引导民营企业深挖农村土地、环境、人力、产业、市场、文化等资源的多元价值和多重功能，优化乡村生产要素资源配置，实施高效农业、优质种业、特色种养殖、民俗旅游、田园综合体、农副产品精深加工及贸易、现代物流等产业项目。

促进乡村生态振兴。组织引导民营企业积极参与农村人居环境整治提升，建设美丽乡村。

促进乡村文化振兴。组织引导民营企业充分利用农村人文资源和各类非物质文化遗产资源，保护传统工艺，促进乡村特色文化产业发展。

促进乡村人才振兴。组织引导民营企业以多种形式加大对致富带头人、新型农民等乡村人才的培养力度，以企业为平台吸引各类管理人才、技术人才返乡就业、创业。

促进乡村组织振兴。组织引导民营企业发挥优势和特长，通过支持乡村基层组织建设加强党的领导、发展新型农村集体经济，通过培育新型农业经营主体，提高农民组织化水平。鼓励支持符合条件的民营企业家担任村支书、村主任、村集体经济组织负责人和荣誉职务，有序参与和提升乡村治理水平。

参与乡村建设行动。组织引导民营企业通过投资兴业、包村包项目、捐资捐物等形式，积极参与村内道路、小型供水工程、分布式清洁能源、仓储物流、公共照明、养老助残、文化体育等设施的建设和管护，推动乡村公共基础设施往村覆盖、往户延伸。

（三）东西部协作和其他活动

有东西部协作和对口支援任务的省份，要组织引导民营企业在东西部协作和对口支援机制下跨省域参与"万企兴万村"行动，引导东部地区民营企业到西部地区开展帮扶。对东西部协作和对口支援机制内受帮扶地区提出的对接民营企业的需求，帮扶地区要努力帮助解决。各地可根据本地实际，依托省内对口帮扶平台，组织引导民营企业积极参与省域内"富帮穷强帮弱"工作。鼓励民营企业设立乡村振兴产业发展基金、公益基金等，参与乡村产业发展和公益帮扶等。要注重发挥商会、企业联盟等组织的作用，鼓励企业之间开展协作和联合，发挥集团优势，助力乡村振兴。继续鼓励民营企业开展消费帮扶，拓宽农产品销售渠道。

四、工作要求

（一）加强组织领导。 各级工商联、农业农村部门、乡村振兴局、光彩会、中国农业发展银行、中国农业银行等部门要共同成立行动工作领导小组，负责行动的组织领导、指导推动、统筹协调和服务保障。各级行动领导小组要定期和不定期召开会议共同研究制约行动开展的问题和助推行动开展的措施。行动领导小组成员单位要将组织开展行动纳入本单位年度工作重点，安排专门人员、专项经费保障工作开展。

（二）做实支持服务。 各级工商联要做好行动统筹，大力调查研究，通过领导小组成员单位合作机制和参政议政渠道反映民营企业诉求、协助企业解决问题，推动出台支持民营企业参与乡村振兴的系列配套政策和建立健全服务保障体系；要做好台账和数据统计，跟踪行动进展；要主动与投资促进部门对接，将本地乡村振兴投资类项目纳入政府招商引资工作统筹推进，各级光彩会要将年度"光彩行"活动与行动有机结合。各级农业农村部门、乡村振兴局要主动为参与行动的民营企业提供项目信息、支持政策等方面的服务。各级中国农业发展银行、中国农业银行要不断创新金融产品和服务方式，为参与行动的企业提供融资支持。

（三）注重示范引领。全国工商联、农业农村部、乡村振兴局、中国光彩会、中国农业发展银行、中国农业银行将以"万企兴万村"行动领导小组名义在全国范围内命名一批示范项目和基地，予以重点联系和指导，通过现场交流会、专题宣传等形式向全国推介，为广大民营企业提供学习借鉴。各级行动领导小组可以参照全国领导小组做法在辖区范围内命名本地示范项目和基地。各级示范项目、基地应进入台账管理。

（四）大力宣传表彰。各级行动领导小组都要选树一批民营企业参与行动的典型案例，协调主流媒体针对参与企业和所做贡献进行宣传报道，增强民营企业的成就感、荣誉感和获得感，向全社会展示民营企业和民营企业家的风采和宣传积极履行社会责任的事迹。各级行动领导小组都要努力争取为民营企业参与行动开辟专门表彰渠道，并在相关表彰中积极为参与行动企业争取表彰份额，发挥荣誉激励的指挥棒作用，促进形成民营企业踊跃参与乡村振兴的时代洪流。

各级工商联、农业农村部门、乡村振兴局、光彩会、中国农业发展银行、中国农业银行要结合本地实际，根据本意见制定具体实施方案，抓好落实。

中华全国工商业联合会

农业农村部

国家乡村振兴局

中国光彩事业促进会

中国农业发展银行

中国农业银行

2021 年 7 月 9 日

《关于开展"万企兴万村"行动的实施意见》政策解读

全国工商联扶贫与社会服务部

为组织引导民营企业积极参与实施乡村振兴战略，助力实现全面建成社会主义现代化强国的第二个百年奋斗目标，2021 年 7 月，全国工商联、农业农村部、国家乡村振兴局、中国光彩会、农发行、农行联合印发《关于开展"万企兴万村"行动的实施意见》（以下简称《实施意见》），明确行动的指导思想、基本原则、行动内容和工作要求；在山东潍坊市召开现场会，通过观摩项目、交流经验、发出倡议、部署工作，全面启动"万企兴万村"行动；共同组建全国"万企兴万村"行动领导小组，负责行动的组织领导、指导推动、统筹协调和服务保障。

一、《实施意见》出台背景

（一）"三农"工作重心历史性转移

在 2020 年底举行的中央农村工作会议上，习近平总书记指出，脱贫攻坚取得胜利后，要全面推进乡村振兴，这是"三农"工作重心的历史性转移。2021 年 2 月 25 日，习近平总书记在全国脱贫攻坚总结表彰大会上庄严宣告，我国脱贫攻坚战取得了全面胜利，区域性整体贫困得到解决，完成了消除绝对贫困的艰巨任务。在向第二个百年奋斗目标迈进的历史关口，巩固和拓展脱贫攻坚成果，全面推进乡村振兴，加快农业农村现代化，是需要全党高度重视的一个关系大局的重大问题。

（二）全面推进乡村振兴任务艰巨

脱贫攻坚战的全面胜利，标志着党在团结带领人民创造美好生活、实现共同富裕的道路上迈出了坚实的一大步。长期以来，随着资金、人才等资源流向城市，农村地区失血、失地、失序，城乡差距不断拉大，乡村振兴成为全面建设社会主义现代化国家最艰巨最繁重的任务。解决发展不平衡不充分的问题，让乡村低收入人口和欠发达地区共享发展成果，同样是一个长期的过程，需要更加完善的政策、制度、举措，汇聚更强大的力量。全面实施乡村振兴战略的深度、广度、难度都不亚于脱贫攻坚，需举全党全社会之力推动乡村振兴，促进农业高质高效、乡村宜居宜业、农民富裕富足。

（三）民营企业是助力乡村振兴的重要力量

改革开放以来，民营经济蓬勃发展，为经济社会作出了重要贡献。脱贫攻坚期间，全国工商联、国务院扶贫办、中国光彩会、中国农业发展银行组织引导民营企业投身脱贫攻坚战，实施

"万企帮万村"行动，为打赢脱贫攻坚战做出了突出贡献。习近平总书记先后 10 次对行动给予充分肯定、作出重要指示。全面推进乡村振兴，民营企业仍然是一支重要可依靠的力量。民营企业量大面广、机制灵活，长期以来一直是农村市场的重要参与主体、重要活力之源。许多民营企业发端于农业，企业家本身就是农民，与农村有着深厚的感情，在多年市场竞争中积累下了丰厚的资源和经营优势，在全面推进乡村振兴中大有可为。

二、开展"万企兴万村"行动的重要意义

（一）"万企兴万村"行动是党中央乡村振兴战略部署的组成部分

脱贫摘帽不是终点，而是新生活、新奋斗的起点。引领民营企业乘势而上、再接再厉、接续奋斗，助力实现第二个百年目标是全国工商联等六家单位的历史责任。2020 年底，习近平总书记在党中央召开的党外人士座谈会上充分肯定了全国工商联开展"万企兴万村"行动设想。2020 年 1 月，中共中央、国务院印发的《关于全面推进乡村振兴加快农业农村现代化的意见》（中发〔2021〕1 号），明确提出要"组织开展'万企兴万村'行动"，根据分工，此项工作由全国工商联牵头落实。开展"万企兴万村"行动是党中央立足我国农业农村发展实际、着眼民营企业特色优势作出的重要决策，是乡村振兴战略的组成部分。组织开展好"万企兴万村"行动不仅是民营企业的责任，也是全国工商联

等六家单位牢固树立"四个意识"、坚决做到"两个维护"的具体体现。

（二）"万企兴万村"行动是促进实现共同富裕的有效路径

共同富裕是社会主义的本质要求，是人民群众的共同期盼。要实现共同富裕，必先实现乡村振兴。实现共同富裕，重点在农村，难点也在农村。"三农"问题不解决，共同富裕便无从谈起。新时代我国社会主要矛盾已经转化为人民日益增长的美好生活需要和不平衡不充分的发展之间的矛盾。其中，最大的不平衡是城乡发展不平衡，最大的不充分是农村发展不充分，这也是实现全体人民共同富裕的最大障碍。振兴乡村成为全面建设社会主义现代化国家最艰巨最繁重的任务，同时也是实现共同富裕的必经之路。"万企兴万村"行动通过引导民营企业积极到乡村投资产业、参与乡村建设、举办社会公益事业，助力当地构建现代农业农村产业体系，改善农村生产生活环境，提高农村农民收入，缩小城乡差距，是促进共同富裕的有效路径。

（三）"万企兴万村"行动是促进"两个健康"的重要抓手

工商联作为党和政府联系民营经济人士的桥梁纽带，政府管理和服务民营经济的助手，长期以来，紧紧围绕"两个健康"工作主题，引导民营经济人士听党话、感党恩、跟党走，聚焦国家重大战略，积极作出应有贡献。"万企兴万村"行动，作为"万企帮万村"行动的升级版，通过建立民营企业参与乡村振兴的公共平台，引导民营企业将个人事业融入民族复兴伟业、将企业梦融入中国梦、将企业社会责任融入社会主义共富理想的有效途径，是激发民营企业家国情怀，促进民营经济人士健康成长的重要抓手。

三、深刻理解《实施意见》的指导思想

《实施意见》提出，以习近平新时代中国特色社会主义思想为指导，全面贯彻党的十九大和十九届二中、三中、四中、五中全会精神，坚持党的全面领导，立足新发展阶段，贯彻新发展理念，融入新发展格局，按照产业兴旺、生态宜居、乡风文明、治理有效、生活富裕的总要求，组织民营企业大力开展"万企兴万村"行动，以产业振兴为重要基础，全面推进乡村产业、人才、文化、生态、组织振兴，促进农业高质高效、乡村宜居宜业、农民富裕富足。

中国特色社会主义进入新时代，我国社会主要矛盾发生了转换，解决新时代社会主要矛盾，必须坚持以习近平新时代中国特色社会主义思想为指导。乡村振兴战略是习近平总书记在党的十九大报告中提出的战略。"万企兴万村"行动是引导民营企业参与，助力乡村振兴的行动，必须切实把习近平新时代中国特色主义思想作为行动指南和根本遵循。党中央总揽全局、协调各方、汇聚合力，是中国特色社会主义制度集中力量办大事的体制优势，"万企兴万村"行动强调要将民营企业的力量，纳入各级党委政府乡村振兴工作整体布局，推进行动多方共赢。

开启全面建设社会主义现代化国家新征程、向第二个百年奋斗目标进军，标志着我国进入了一个新发展阶段。立足新的历史阶段，党中央对发展理念和思路作出及时调整。新发展理念是一个系统的理论体系，回答了关于发展的目的、动力、方式、路径等一系列理论和实践问题，阐明了我们党关于发展的政治立场、价值导向、发展模式、发展道路等重大政治问题。引导民营企业参与"万企兴万村"行动，需贯彻新发展理念，融入新发展格局，坚持以人民为中心的发展思想，坚持发展为了人民、发展依靠人民、发展成果由人民共享；坚持问题导向，举措要精准务实；坚持底线思维，对违规违法、道德败坏行为要敢于斗争。

实施乡村振兴战略的总目标是实现农业农村现代化，总方针是坚持农业农村优先发展，总要求是产业兴旺、生态宜居、乡风文明、治理有效、生活富裕。这些是开展"万企兴万村"行动的基本要求。同时民营企业有自己的特色优势，脱贫攻坚阶段，民营企业发挥自身资金、技术、管理优势，在产业帮扶方面做出了突出贡献。全面推进乡村振兴阶段，仍宜以产业振兴为切入点，引导民营企业积极参与乡村产业，助力构建现代乡村产业体系，让农民更多分享产业增值收益，带动人才、文化、生态、组织振兴。

四、牢固把握《实施意见》的基本原则

《实施意见》提出六项基本原则，即坚持全面参与、突出重

点;坚持因地制宜、分类指导;坚持农民主体、合作共赢;坚持自觉自愿、市场导向;坚持依靠科技、鼓励创新;坚持三条红线、依法兴村。

由于乡村振兴的时间跨度很长、工作面很广,为了突出重点、集中优势兵力,全国层面"十四五"期间"万企兴万村"行动的重点是,巩固拓展"万企帮万村"成果、开展回报乡村专项行动、参与东西部协作。推进"万企兴万村"行动,既要加强顶层设计,又要鼓励综合考虑各地实际,探索组织民营企业助力乡村振兴的多样化路径和实现形式。《实施意见》充分尊重和发挥基层首创精神,鼓励各地因地制宜创新参与形式,逐步拓展、丰富行动的工作面;鼓励各地根据发展现状加强分类指导,集中帮扶力量到群众最需要的地方。

引导企业参与"万企兴万村"行动,必须统筹兼顾市场规律与社会效益。一方面要充分发挥市场在资源配置中的决定性作用,依靠科技创新引领,推动企业高质量发展,助力农业农村现代化。另一方面要尊重农民主体地位,结成利益共同体,走出一条互惠互利、富有特色的共建共赢的路子。再一方面要教育引导广大民营企业努力弘扬"义利兼顾、以义为先、自强不息、止于至善"的光彩精神,自觉履行社会责任,坚决守好耕地保护、生态环境保护和农民利益保护"三条红线",依法依规、充满感情地参与乡村振兴。

五、全面认识《实施意见》的主要内容

《实施意见》提出"万企兴万村"行动主要内容包括三个方面，"十四五"期间重点工作是巩固拓展"万企帮万村"成果、开展回报家乡专项行动、东西部协作和其他活动。

（一）巩固拓展"万企帮万村"成果

习近平总书记在全国脱贫攻坚总结表彰大会上强调，要切实做好巩固拓展脱贫攻坚成果同乡村振兴有效衔接各项工作，让脱贫基础更加稳固、成效更可持续。要求坚持和完善社会帮扶等制度，并根据形势和任务变化进行完善。

巩固拓展"万企帮万村"成果是巩固拓展脱贫攻坚成果的重要举措，是接续开展"万企兴万村"行动的重要基础。要严格落实"四个不摘"要求，防止松劲懈怠、防止急刹车、防止一撤了之、防止贫困反弹。要指导、支持、服务原帮扶企业做优项目，做强企业，确保帮扶行稳致远；要鼓励帮扶企业在原帮扶基础上通过追加帮扶投资，密切利益联结等方式，提升帮扶成效，共享发展成果。

同时要做好"万企帮万村"和"万企兴万村"的有效衔接，鼓励经营好、惠农益农成效明显的企业扩大帮扶范围，向周边或本地区其他村拓展规模，大力发展乡村特色产业，帮助建立农产品和食品仓储物流体系，培育特色品牌，拓展销售渠道，助力农业农村现代化，全面推进乡村振兴。

(二)开展"回报家乡"专项行动

调研发现以乡情为纽带引导民营企业回报家乡,组织动员的成本低、帮扶合作的效果好。民营企业在家乡项目上投入大,帮扶尽心尽力,很多企业家将主要精力都放在了家乡项目上。为此,将回报乡村专项行动作为行动起步阶段的重点,助力"万企兴万村"行动开好局、起好步。

开展回报家乡专项行动就是要发挥民营企业熟村情、有乡情的优势,动员创业成功企业家回家乡的乡村投资产业,参与乡村建设,举办社会公益事业等,为"万企兴万村"行动探索宝贵的经验。这里企业家的家乡是指出生地、祖籍地、户籍地或有特殊感情维系的地级市,选定这个家乡范围符合人民群众对家乡的情感认同。回报家乡民营企业参与的行动内容主要包括了六个方面,分别是助推乡村产业、人才、文化、生态、组织振兴及参与乡村建设。五个方面振兴是全面推进乡村振兴的要求,要引导民营企业根据自身优势和意愿参与某一方面或几个方面的振兴。乡村建设是根据中央农办关于鼓励社会力量投身乡村建设有关安排,需要引导民营企业参与的工作。

回报家乡专项行动的主要工作集中在市、县层面。市、县级行动领导小组要组织好企业,成立民营企业回报家乡的企业家组织;要储备项目,对接当地政府梳理政策,谋划并形成专项行动项目库;要开展对接,精准选择联引对象,主动联系宣传、推介项目,促成考察对接;要举办相关活动,引导民营企业家积极参与回报家乡专项行动。同时要对回报家乡落地项目进行台账管理，并做好跟踪服务。

（三）东西部协作和其他活动

2021 年 4 月 8 日，习近平总书记对深化东西部协作作出重要指示强调，要完善东西部结对帮扶关系，拓展帮扶领域，健全帮扶机制，优化帮扶方式，加强产业合作、资源互补、劳务对接、人才交流，动员全社会参与，形成区域协调发展、协同发展、共同发展的良好局面。

"万企兴万村"行动鼓励有东西部协作和对口支援任务的省份，组织引导民营企业在东西部协作和对口支援机制下跨省域参与行动。对东西部协作和对口支援机制内受帮扶地区提出的对接民营企业的需求，帮扶地区要努力帮助解决。各地可根据本地实际，依托省内对口帮扶平台，组织引导民营企业积极参与省域内"富帮穷强帮弱"工作。按照国家支持国家乡村振兴重点帮扶县有关政策要求，"万企兴万村"行动助力东西部协作工作将以160 个重点帮扶县为主要帮扶对象，开展精准帮扶对接。同时"万企兴万村"行动还鼓励各类商协会、企业家组织等联合参与行动，探索多样的参与模式。

六、落实落地《实施意见》有关要求

《实施意见》提出加强组织领导、做实支持服务、注重示范引领、大力宣传表彰四方面要求，推动"万企兴万村"行动落实落地，长效可持续发展。

（一）加强组织领导

要求各级工商联、农业农村部门、乡村振兴局、光彩会、农发行、农行（不限于六部门）共同成立"万企兴万村"行动领导小组，负责行动的组织领导、指导推动、统筹协调和服务保障。行动领导小组成员单位要将行动纳入本单位年度工作重点，安排专门人员、专项经费保障工作开展。要求各级行动领导小组成员单位要加强沟通协调，联合开展会议、调研等活动，定期和不定期召开会议推进行动，并总结提炼经验做法供各地交流学习。目前，全国工商联、农业农村部、国家乡村振兴局、中国光彩会、中国农业发展银行、中国农业银行共同成立了全国"万企兴万村"行动领导小组，并召开领导小组第一次全体会议，总结前一段工作进展，部署下一步工作重点，细化工作举措、增强工作合力。当前全国共有 23 个省（自治区、直辖市）启动"万企兴万村"行动，全国行动领导小组将加强工作统筹，指导各地推进行动，务实精准组织、引导、服务民营企业参与，推进行动取得更大实效。

（二）做实支持服务

"万企帮万村"，瞄准的是有明确时限、有明确任务的脱贫目标，是攻坚战、硬任务，强调义多一些。全面推进乡村振兴持续时间长，覆盖面广，最终目的是为了促进共同富裕，实现第二个百年目标。在工作思路上要坚持义利兼顾，让企业能在当地长期发展，帮扶才能不断线，行动才能可持续发展。各级行动领导小组成员单位要结合本单位职能提出相关支持服务举措，帮企业找准契合点、切入点。要注重搭台铺路，充分发挥好桥梁纽带作用，搭起平台建立信息共享机制，举办相关活动，帮助民营企业更加顺畅地对接项目。要拿出更多政策措施支持企业发展，在项目、技术、信息、培训、销售等方面给予倾斜支持。要不断创新金融产品和服务方式，为参与行动的企业提供融资支持。

（三）注重示范引领

《实施意见》提出各级领导小组要以本级领导小组名义命名一批示范项目和基地，予以重点联系和指导，通过现场交流会、专题宣传等形式向全国推介，为广大民营企业提供学习借鉴。此项工作，全国行动领导小组将制定"万企兴万村"行动实验项目体系建设方案，明确实验项目界定，认定管理流程等，并开发实验项目管理数据库，开发专门软件和手机 APP，开展培训，指导各级行动领导小组在线管理实验项目。并通过推进"万企兴万村"行动实验项目体系建设，发挥典型和榜样的示范带动效应，增强行动影响力凝聚力，并依托实验项目体系开展相关支持服务。实验项目体系有以下几个特点：一是专属性。实验项目体系是专门服务民营企业参与"万企兴万村"行动的项目体系。二是兼容性。实验项目体系包含目前"万企兴万村"行动的所有重点工作内容，并根据今后工作需要进行扩展。三是实用性。"万企兴万村"行动的政策、金融支持和表彰表扬等都以实验项目体系为依托，开展相关支持服务，实用性较强。四是长期性。实验项目体系是"万企兴万村"行动的基础性重点工作，将伴随"万企兴万村"行动始终，是一项长期工作。五是准确性。体系数据库数据经过四级工商联过滤形成，防止"数字兴村"。

（四）大力宣传表彰

"万企帮万村"帮助的是绝对贫困群众，民营企业参与的使命感、荣誉感强，积极性高。"万企兴万村"面对的是广大农民，解决的是不平衡不充分和相对贫困问题，参与的积极性难与"帮万村"类比。各级行动领导小组成员单位，都要充分利用自有媒体、主流媒体和新媒体，大力宣传在"万企兴万村"行动中涌现出的先进企业、先进人物、先进事迹，展现新时代民营企业家富而有德、富而有爱、富而有责的风采。要及时总结推出一批"万企兴万村"成功案例，为广大民营企业提供借鉴，形成良好的履行社会责任氛围。全国层面将申请对参与行动先进民营企业的表彰表扬，各级也要努力争取专门表彰表扬渠道，发挥荣誉激励指挥棒作用，引导更多民营企业参与行动。